普通高等院校化学化工类系列教材

主 编 付 岩
副主编 王 铮 李 红 吴晓艺 周 丽

有机化学实验（第3版）

Experiments in Organic Chemistry

(Third Edition)

清华大学出版社
北京

版权所有，侵权必究。举报：010-62782989，beiqinquan@tup.tsinghua.edu.cn。

图书在版编目(CIP)数据

有机化学实验/付岩主编. —3版. —北京：清华大学出版社，2018(2024.1重印)
(普通高等院校化学化工类系列教材)
ISBN 978-7-302-50337-8

Ⅰ. ①有… Ⅱ. ①付… Ⅲ. ①有机化学－化学实验－高等学校－教材 Ⅳ. ①O62-33

中国版本图书馆 CIP 数据核字(2018)第 114914 号

责任编辑：冯　昕
封面设计：常雪影
责任校对：赵丽敏
责任印制：丛怀宇

出版发行：清华大学出版社
网　　址：https://www.tup.com.cn, https://www.wqxuetang.com
地　　址：北京清华大学学研大厦 A 座　　邮　编：100084
社 总 机：010-83470000　　邮　购：010-62786544
投稿与读者服务：010-62776969，c-service@tup.tsinghua.edu.cn
质量反馈：010-62772015，zhiliang@tup.tsinghua.edu.cn
印 装 者：三河市人民印务有限公司
经　　销：全国新华书店
开　　本：185mm×260mm　　印　张：11.75　　字　数：286 千字
版　　次：2012 年 3 月第 1 版　2018 年 6 月第 3 版　　印　次：2024 年 1 月第 4 次印刷
定　　价：39.00 元

产品编号：079869-03

第3版前言

本教材此次再版,首先要感谢清华大学出版社和本书的责任编辑冯昕女士的支持。

此次再版在第2版的基础上主要在以下几方面进行了修改、调整及补充:

(1) 在整体内容结构上作出了一些调整,将第3章有机化学基础操作实验分成4个大的部分,把原来单一的实验进行细致归类,使结构更加直观,方便读者了解实验用途。

(2) 在具体实验步骤中,更加细化了实验方法,有的实验增加了两种方法,供不同实验条件的学校选用。

(3) 增加了绿色化学及绿色有机合成方面的内容及实验,可以使读者在进行实验的同时产生更深层次的思考,对环境问题产生足够的重视,并能为此略尽绵薄之力,这是全世界人民的责任和义务。

(4) 目前国家在加大力度鼓励培养创新应用型人才,在大学一年级就可以参加各种比赛,但此时还没有进入专业课学习,实验优化设计课程和文献检索课程还没有开设,学生在做综合实验时感到力不从心,因此本版增加了实验优化设计和文献检索方面的知识。使本书不仅是一部教科书,也可成为工具参考书。

本次再版由沈阳理工大学付岩老师主编,副主编有沈阳理工大学的王铮老师、李红老师以及沈阳工业大学的吴晓艺老师和辽宁中医药大学的周丽老师,沈阳理工大学环境与化工学院的马睿老师和王保杰老师参加了编写。各位老师在实验的整理和编写过程中提出了宝贵的建议和意见。感谢大家的齐心协力!

再版内容中有错误和不妥之处,还望大家海涵并指正,谢谢!

编 者

2018年1月

第 2 版前言

本教材此次再版,首先要感谢清华大学出版社和责任编辑冯昕女士的支持。

此次再版主要在以下几方面进行了修改、调整及补充:

一是在整体内容结构上作出了一些调整,章节分配更加细化,将基础操作实验从原来的基本操作技术中分离出来,成为具体实验的一部分,虽然很多基础实验都融合在后续的普通制备实验中。在结构上还将普通制备实验与绿色有机合成和天然产物提取,以及创新应用型实验细分开来,更有利于有的放矢地选择实验、了解实验。

二是在具体实验步骤中,将各步骤的目的及作用分条列出,可使大家在进行实验操作时条理更加清楚,步骤更加明确,避免不知何意的糊涂情况发生。而且在每个实验步骤前面均加了一条安全小贴士,提醒大家哪些药品有危害,使用时要注意什么,以及在误操作会有危险的步骤中,重点提醒注意正规操作及实验安全,在更大程度上避免实验事故的发生。

三是增加了绿色化学及绿色有机合成方面的内容及实验,可以使我们在进行实验的同时产生更深层次的思考,对环境问题产生足够的重视,并能为此略尽绵薄之力,这是全世界的责任和义务。

四是增加了创新应用型实验,目前国家也在加大力度鼓励培养创新应用型人才,这是发展的大势所趋,因此在基础实验及普通实验的基础上,增加创新应用型实验,鼓励大家进行创新型实验的设计。由于比普通实验应用性更强,打破了传统有机化学实验的枯燥乏味,因此可提高同学们的创新兴趣。

本次再版由沈阳理工大学王铮老师主编,副主编有沈阳理工大学的李红老师、付岩老师以及沈阳工业大学的吴晓艺老师和沈阳工业大学科亚学院的厉安昕老师,参与再版的编写工作及实验验证的还有沈阳理工大学的毕韶丹老师。感谢大家的齐心协力!

由于作者水平所限,再版内容中难免有错误和不妥之处,还望大家海涵并指正,谢谢!

编　者
2015 年 1 月

前　言

　　有机化学实验是一门重要的基础实践课，其内容包括基本实验操作技术，对有机物物理性质和化学性质的认识，有机物的制备、提取和分离等。

　　有机化学实验课程的教学目标是使学生系统地理解有机化学实验基本理论，掌握有机化学实验基本操作技术，学会有机物物理常数测定、化学性质鉴别、基本制备方法和分离技术。

　　本教材主要分为有机化学实验常识、有机化学实验基本操作技术、有机化合物反应及制备实验、综合性实验和实验综合练习5个部分。首先从基本操作技术开始，系统地介绍有机化学实验常用的一些重要操作原理和技术，使学生能熟练掌握各项基本操作，从而为后面的实验内容打好基础。有机化合物反应及制备实验是对理论课学习的重要补充，是理解理论课内容的重要手段。综合性实验包括官能团化合物的鉴别、混合物的提取和分离及设计性实验，是综合各项操作技术的实验内容，其中设计性实验通过文献调研、方案设计及实施等科研过程，提高学生实践和创新能力。

　　本书将基本操作技能训练结合在有机化合物反应及制备中，不单独安排基本操作技能训练，在药品的选择上尽量使用对环境污染小、便宜易得的药品。

　　本书由沈阳工业大学吴晓艺老师主编，并由沈阳理工大学的王铮老师和唐祝兴老师及沈阳化工大学科亚学院的厉安昕老师共同编写和进行实验校核。参与实验验证和编写工作的还有沈阳工业大学的娄桂艳老师。

　　由于编者水平有限，书中难免有错误和不妥之处，敬请读者批评和指正。

编　者

2011 年 12 月

目 录

1 有机化学实验综合介绍 /1
  1.1 有机化学实验的主要内容 /1
  1.2 实验室学生守则 /3
  1.3 有机化学实验室的安全常识及事故的预防和处理 /3
    1.3.1 有机化学实验室安全须知 /3
    1.3.2 有机化学实验事故的预防及处理 /4
  1.4 有机化学实验的预习、记录和实验报告的基本要求 /8
    1.4.1 实验预习 /8
    1.4.2 实验记录 /8
    1.4.3 实验报告 /9
    1.4.4 实验报告示例 /9
  1.5 有机化学实验的常用仪器和装置 /12
    1.5.1 有机化学实验常用的玻璃仪器 /12
    1.5.2 玻璃仪器的连接与装配 /13
    1.5.3 有机化学实验常用装置 /15
    1.5.4 仪器的选择、装配与拆卸 /18
    1.5.5 常用玻璃器皿的洗涤和干燥 /18
    1.5.6 常用玻璃仪器的保养 /19
    1.5.7 有机化学实验常用电器 /20
  1.6 实验方案优化设计 /22
    1.6.1 多因素实验问题 /22
    1.6.2 正交试验法 /23
  1.7 有机化学实验文献及其查阅 /27
    1.7.1 文献检索的一般知识 /27
    1.7.2 期刊论文 /27
    1.7.3 专利文献 /28

2 有机化学实验技术 /30
  2.1 化学试剂的称量和计量 /30
  2.2 物质的加热 /31

2.3 物质的冷却 /33
2.4 物质的干燥 /34
  2.4.1 基本原理 /34
  2.4.2 液体有机化合物的干燥 /35
  2.4.3 固体有机化合物的干燥 /37
  2.4.4 气体的干燥 /37
2.5 固体化合物的分离和提纯 /38
2.6 萃取和洗涤 /40
  2.6.1 基本原理 /41
  2.6.2 萃取操作 /42
2.7 升华 /43
2.8 有机化合物的色谱分析 /44
  2.8.1 气相色谱 /44
  2.8.2 高效液相色谱 /46

3 有机化学基础实验 /49

3.1 有机化合物物理常数的测定 /49
  3.1.1 固体有机物熔点的测定及温度计的校正 /49
  3.1.2 折光率的测定 /54
  3.1.3 旋光度的测定 /58
3.2 液体化合物的分离和提纯 /62
  3.2.1 蒸馏和沸点的测定 /62
  3.2.2 分馏 /66
  3.2.3 水蒸气蒸馏 /68
  3.2.4 减压蒸馏 /71
3.3 色谱分离技术 /74
3.4 官能团化合物的鉴别实验 /81

4 有机化合物的普通制备实验 /84

4.1 环己烯的制备 /84
4.2 溴乙烷的制备 /86
4.3 1-溴丁烷的制备 /89
4.4 己二酸的制备 /92
4.5 正丁醚的制备 /94
4.6 乙酸乙酯的制备 /96
4.7 乙酰水杨酸的制备 /98
4.8 乙酰乙酸乙酯的制备 /101
4.9 肉桂酸的制备 /103
4.10 乙酰苯胺的制备 /106

4.11 乙酸正丁酯的制备 /108
4.12 乙酸乙烯酯的乳液聚合 /111
4.13 邻苯二甲酸二丁酯的合成及其酸值的测定 /113

5 绿色有机合成和天然产物提取实验 /117
5.1 绿色化学及绿色有机合成简介 /117
5.1.1 绿色化学的发展和 12 条原则 /117
5.1.2 以绿色化学的原则审视和发展绿色有机合成 /118
5.2 绿色有机合成实验 /120
5.2.1 己二酸的绿色合成 /120
5.2.2 微波辐射法合成乙酰水杨酸 /122
5.2.3 超声辅助合成苯亚甲基苯乙酮 /123
5.2.4 氨基磺酸催化绿色合成乙酸异戊酯 /124
5.2.5 1,2-二苯乙烯的绿色溴化 /125
5.2.6 微波辅助 Perking 反应合成肉桂酸 /126
5.3 天然有机产物的提取和分离 /127
5.3.1 从茶叶中提取咖啡因 /127
5.3.2 红辣椒中色素的分离 /129
5.3.3 菠菜叶色素的分离 /131
5.3.4 从橙皮中提取橙皮油 /134
5.3.5 裂叶苣荬菜（或槐米）中提取芦丁 /135
5.3.6 植物脂肪的提取 /136
5.3.7 黄连素的提取 /137

6 创新及应用型实验 /139
6.1 制作手工肥皂的实验设计 /139
6.2 芬顿试剂与粉煤灰对有机实验废水的处理 /141
6.3 由废聚乳酸餐盒制备乳酸钙 /145
6.4 环保固体酒精生产工艺和燃烧试验 /148
6.5 路边青总多酚的超声提取及紫外光谱分析 /149
6.6 乙酸异戊酯的绿色合成条件研究 /151
6.7 微波辐射法合成药物 /152
6.8 由环己醇制备己二酸二酯 /153
6.9 聚乙烯醇缩甲醛啤酒瓶商标胶的制备和贴标试验 /154

7 实验综合练习 /158
7.1 综合练习一 /158
7.2 综合练习二 /160
7.3 综合练习三 /162

7.4 综合练习四 /163
7.5 综合练习五 /165

附录 A 常用试剂的配制 /167

附录 B 常用酸和碱的配制 /170

附录 C 乙醇溶液的密度和百分组成 /171

附录 D 常用洗涤液的配制 /172

附录 E 常用碳酸钠溶液相对密度和组成 /173

附录 F 关于毒性危险性化学药品的知识 /174

参考文献 /176

有机化学实验综合介绍

欢迎大家来到有机化学实验室！先不要被实验室的味道呛得捂鼻子，对于你们这些今后的化学工作者，要对这些味道习以为常，像爱香水味一样爱它。

在动手进行实验前，大家非常有必要先来了解一些有机化学实验的基本常识。

有机化学实验这门课程既不隶属于有机化学理论课，也不能被有机化学理论课所替代，它与有机化学理论课是平等的、相辅相成的关系。因为有机化学的理论概念只有通过有机化学实践才能真正变得生机勃勃，所以希望各位能对这门课程给予足够的重视。

首先我们要知道有机化学实验主要研究的内容有哪些。

1.1　有机化学实验的主要内容

1. 有机物的提取与合成

有机化学实验研究的主要对象就是有机化合物，因此我们要知道这些有机化合物是怎么得来的，这是有机化学实验中所占比重很大的一部分内容。有机物的获取途径主要有两种：一种是从自然界的天然产物中提取得到，如从茶叶中提取咖啡因；另一种是通过化学技术合成出来，就是我们通常所说的有机合成。

2. 有机物的分离和纯化

不管是通过天然产物提取的有机物还是有机合成出来的有机物，大多数都是混合物，因此需要使用各种分离纯化方法以得到我们想要的单一纯净有机物，通常采取的分离纯化方法有以下几种：①分离纯化固体物质或固-液混合物常用重结晶、过滤、升华、离心、膜分离等方法；②分离纯化液体有机物常用蒸馏、分馏、萃取等方法；③用于精细分离纯化的色谱法和电泳法。

3. 有机物的性质及有机化学反应

知道了有机物是怎么得来的还远远不够，还要进一步弄清其性质和化学反应规律。有机物的性质是受其特征结构影响的，具有相似结构的有机物在化学反应规律上也表现出一定的相似性。这方面的内容将在有机化学理论课上得到全面详细的诠释，因此在有机化学理论课的基础上，才能通过有机化学实验对此项内容进行验证和合理利用。

上述内容理论课上虽然介绍得很全面，但针对有机化学实验，有机物的性质和有机化学反应具有以下典型特点：

(1) 由于有机化合物结构上的特点,造成有机化合物的极性大多小于无机物,而且有机化合物之间微小的极性差别还会引起其性质上的较大差异,因此有机物的极性直接影响到选择的溶剂体系。记住"相似相溶"的规律。

(2) 有机物的性质具有多样性,因此有机化学反应也受其性质的影响,主反应与副反应共存,而且受反应条件的影响很大,这就造成了有机合成产物常为混合物,直接影响到合成产率。所以我们做有机合成实验时,一定要知道都有哪些副反应,生成哪些副产物,怎样去除掉这些副产物,不要追求百分百的合成产率,那是不现实的,只要实事求是的实验结果。

(3) 有机化学反应不像无机化学反应进行得那么痛快,有机化学反应大多速度缓慢,需要较长的反应时间,一般还要加热进行。所以做有机实验时千万不要着急,一定要按照规定的时间和步骤来做,作为回报你可以练就合理利用时间的本领。

(4) 大多数有机化合物易燃、易爆、易挥发,因此实验安全非常重要,但大家千万不要因害怕危险而不敢动手做实验,在后续内容中专门有一节是介绍有机化学实验安全常识和事故的预防及处理的。只要大家都能按照安全注意事项操作,危险就会离你远去。

4. 有机物的结构分析和表征

众所周知,物质的"结构决定性质",有机物的性质及有机化学反应并不是凭空想象出来的,而是通过有机物结构特点的确凿证据所确定的,因此有机物的结构分析和表征就是上述一切内容研究的根源和依据。有机物的结构分析在理论上的方法相信大家都不陌生,因为在有机化学理论课以及结构化学课上都有详细的讲解,比如原子轨道理论、电子轨道理论、分子轨道理论、电子效应、空间效应、立体化学等,而在有机化学实验中我们主要通过借助一些精密分析仪器,采用现代分析技术对有机物的结构进行表征,如紫外光谱法、红外光谱法、核磁共振谱法、X射线衍射法、旋光度法等。这些方法在后续章节中均有介绍。

5. 有机物的开发和利用

我们提取或合成出来的有机物,最终目的是要"为我所用",下面列举了有机物在多个领域中开发和利用的一些代表性实例:

医药——药品、生物相容性移植
生物化学——蛋白质、酶、核酸(DNA 和 RNA)、激素
电子产品——液晶、发光二极管(LEDS)、绝缘体
聚合物/塑料——聚乙烯、聚丙烯、聚苯乙烯、聚碳酸酯
油漆和涂料——染色剂、交联剂
日化——化妆品、防晒剂
农业——杀虫剂、信息素、除草剂
生活——食品及添加剂、空调及冰箱制冷剂
机械工业——燃料、润滑剂
军事——炸药、推进剂
纺织品——染料和纤维等

还有其他许多新的有机物正在被开发和利用出来。我们在第 6 章创新及应用型实验中,就会切切实实接触到这些有机物如何"变身"为日常生产生活中的有用之物。

以上这几方面内容也是我们这门课程需要大家按顺序由浅入深掌握的内容。

1.2 实验室学生守则

为了使我们的实验课能够愉快、顺利地进行，使大家养成良好的实验室工作习惯，希望大家遵守以下有机实验室规则：

（1）实验前必须认真预习有关实验内容，明确实验的目的和要求，了解实验原理、反应特点、原料和产物的性质及可能发生的事故，写好预习报告，否则不允许做实验。

（2）进行实验前要把你所有的仪器设备核对一下，如有缺损应立即告诉指导教师。

（3）实验过程中要认真操作，仔细观察，如实记录实验数据，实验结束后要经过教师审阅并签字，不做与该次实验无关的事情。

（4）遵从教师的指导，严格按规程操作，未经教师同意，不得擅自改变药品用量、操作条件和操作程序。实验中发生错误，必须报告教师，作出恰当处理。

（5）保持实验台面、地面、仪器及水槽的整洁。不是立即要用的仪器，应保存在实验柜内，需要放在台面上待用的仪器，也应放得整齐有序。书包、衣物及与实验无关的物品应放在指定位置。公用仪器、药品、试剂要在原处取用，不能擅自拿回自己的实验台。

（6）爱护公物，节约水、电、药品。取完药品要立即盖好瓶盖，不得私自将药品、仪器带出实验室，仪器损坏应及时报损。

（7）所有废弃的固体物应丢入废物缸，不得丢入水槽，以免堵塞下水道。废弃有机溶剂、废液及废渣不许直接倒进水槽，必须倒在指定的废液桶中统一回收处理。

（8）实验完毕，清洗仪器并收藏好，清理实验台面，经教师检查合格后方可离开实验室。

（9）值日生须做好地面、公共台面、水槽的卫生并清理废物缸，检查水、电、煤气，关好门窗，经检查合格后方可离开。

1.3 有机化学实验室的安全常识及事故的预防和处理

本节内容关乎每位进入实验室做实验人员的切身安全，你是否能和进来时一样完好无损地走出实验室，关键就在于你对这一节内容记住多少，领会多少。

1.3.1 有机化学实验室安全须知

（1）必须佩戴安全护目镜或面屏。因为在加热液体的实验过程中，可能由于忘加沸石或加热过猛而引起液体暴沸冲出反应器，或因清洗不当造成玻璃仪器炸裂，这些都可能使玻璃碎片、滚热的或具有腐蚀性的化学药品溅入眼睛或面部，而佩戴安全护目镜或面屏是最方便、最有效的防护措施，隐形眼镜最好不带，它只能使情况变得更糟。当然细心并完全按照实验规则来操作才是阻止事故发生的根源，防护是将事故发生后的伤害降至最低的补救措施。

（2）必须穿实验服做实验，这是为了保护自己的衣服、皮肤免受莫名飞溅过来的不明液体的腐蚀；女孩子的长发也要事先扎起来，如果不想让你留了数年的长发被毁的话；鞋子最好不要穿露脚趾和脚面的,谁知道浓酸什么时候会不小心洒到脚上。

(3) 不能在实验室吃东西,严禁在实验室吸烟。为了你自己和他人的安全,这些举动最好远离实验室进行。

(4) 随时准备应对紧急情况。一定要熟悉实验室的安全设施包括灭火器、灭火毯和急救药箱的摆放位置和使用方法。事先要考虑好在紧急事件中(如着火、液体暴沸、灼伤等意外事件)你能做些什么。

(5) 除非有明确说明,否则不要使用明火,同时在点火前要仔细检查附近是否有可燃物品存在。

(6) 不允许做任何未经准备的实验。前期预习思考不充分的实验过程几乎总是导致不好的实验结果,甚至发生危险。一定要在实验前充分预习,理解掌握各步骤的意义及安全注意事项。

(7) 不要在加热期间擅自离开你的实验台。一旦开始进行加热操作,千万不要让实验台处于无人值守状态,这样可以防止加热过猛液体溅出导致伤人或火灾以及玻璃容器烧干烧炸等有危害的事件发生。

如果你能完全做到上面的这几点,实验室的大门将永远安全地向你敞开。

1.3.2 有机化学实验事故的预防及处理

1. 火灾的预防及处理

防火是有机化学实验室安全工作的重中之重,因大多数有机溶剂(如乙醚、乙醇、丙酮等)都具有易燃、易挥发的特点,一旦发生火灾而扑救不及时时,就会火烧连营。要想防患于未然,有机化学实验室基本不能出现明火(只能使用电热套、水浴锅、电炉子等进行加热),除非某个特定实验,万不得已使用明火时,必须牢牢记住"点明火必须远离有机溶剂,操作易燃物质必须远离火源"。而且含有有机溶剂的废液也不能随便倒入水槽和下水道中,以免引起下水道起火,必须倒在指定的废液桶中。点火后继续燃着或带有火星的火柴梗不能乱扔,不能随手丢进垃圾桶中,可先放在装水的容器中,最后扔入垃圾桶。

如果发生失火,切勿惊慌失措,应尽快冷静下来,迅速决定该怎样灭火。若是烧瓶上的小火,通常只需要用一块石棉网或玻璃片盖住瓶口即可;若是实验台面或其他平面的小火,可用灭火毯覆盖在着火处;若是火势较大,首先应立即切断实验室电源(一般都安装在门口旁),然后拿取灭火器(一般也放置在门口处)灭火,切忌用水灭火,这反而会使火势蔓延。无论使用哪种灭火器(常用的有泡沫灭火器和干粉灭火器),都应从起火点的四周向中心扑灭。若是你的衣服着火了,切勿乱跑,这样只会加剧火焰燃烧,而且还会把火种带到其他地方,正确的做法是用灭火毯包裹住自己使火熄灭,如果火势较大,应躺在地上(这样做是为了防止火势烧向头部),裹紧灭火毯至其熄灭,也可以在地上打滚使其熄灭。灭火后如果有轻度烧伤或烫伤,可取用急救药箱中的烫伤软膏涂抹伤处,伤势严重的话应立即送往医院急救。关于灭火器的种类和使用常识,每年都有消防部门进行专门的培训,在此就不再赘述了。总之"火灾猛于虎",预防为主,施救必然。

2. 爆炸的预防及处理

有机化学实验中预防爆炸的一般措施如下：

（1）常压蒸馏和回流装置必须与大气相连通，不能造成密闭体系，而且必须加入沸石，以防止液体暴沸冲出；减压蒸馏时，不能用三角烧瓶、平底烧瓶、锥形瓶、薄壁试管等不耐压容器作为接收瓶或反应瓶，否则易发生爆炸，应选用圆底烧瓶作为接收瓶或反应瓶。无论是常压蒸馏还是减压蒸馏，均不能将液体蒸干，以免局部过热或产生过氧化物而发生爆炸。

（2）切勿使易燃易爆的气体接近火源，有机溶剂如醚类和汽油一类物质的蒸气与空气相混合时极为危险，当达到一定极限时，可能会由一个热的表面或者一个火花而引起爆炸。

（3）使用乙醚等醚类时，必须检查有无过氧化物存在，如果发现有过氧化物存在，应立即用硫酸亚铁除去过氧化物，才能使用，同时应在通风较好的地方或在通风橱内进行。

（4）对于易爆炸的固体，如重金属乙炔化物、重氮盐、三硝基甲苯等都不能重压或撞击，以免引起爆炸，对于这些危险的残渣，必须小心销毁。例如，重金属乙炔化物可用浓盐酸或浓硝酸使它分解，重氮化合物可加水煮沸使它分解等。

（5）卤代烷不能与金属钠接触，因反应剧烈易发生爆炸。钠屑必须放在指定的地方。

如果不幸发生爆炸事件而受伤，小伤用急救箱处理，大伤一定要送医院。

3. 中毒的预防及处理

有机化学实验经常接触的无机和有机化学药品中有个别是有毒的，使用时请务必小心谨慎。另外还有些药品是有腐蚀性和刺激性的，使用时也要小心。因此，要事先了解实验中使用的每种化学药品有无毒性，提高警惕，加强防护十分重要。

下面列举一些本书的实验中常接触到的有毒物质及其防护处理措施。

1）有毒气体

本书涉及的实验中能产生的有毒气体有溴（蒸气）、溴化氢、氯化氢、二氧化硫、二氧化氮等刺激性气体。进行这些产生有毒气体的实验时，最好在通风橱内进行，并注意安装气体吸收装置，一定要开窗通风，打开所有的室内通风系统。若有毒气体大量泄漏，要立即关闭反应电源，停止实验，迅速离开现场。如有中毒情况发生，要立即将中毒者抬到空气流通的地方，保持静躺，必要时尽快去医院进行给氧急救或人工呼吸。

2）有机溶剂

这是有机化学实验中大量使用的化学试剂，除了易燃性外，它们的第二种危害就是毒性。许多含氯有机溶剂吸入体内不易排出，会发生积累中毒而引起肝硬化，过多接触苯也会发生积累中毒从而导致白血病。氯仿和乙醚都是麻醉剂，当过量吸入时会引起昏睡不醒、恶心、呕吐等症状。甲醇对视神经特别有害。当使用有机溶剂，特别是易挥发的溶剂时应在通风橱内操作。需要检查某种试剂的气味时，切忌用鼻子凑近容器口深深吸气，正确方法是在离鼻子较远的距离，用手扇动，让蒸气飘过来，嗅到气味即可；另一种方法是用一个被该物质润湿的塞子，放在鼻子下面晃动，轻轻吸气即可，总之这两种都有点像闻香水的方法。一旦中毒，采取的措施和1）中一样。

3）其他有毒物质

（1）汞：其实汞在有机化学实验中只存在于温度计中，如果温度计打碎了，一定要记住下面的话。汞,为银白色的液态金属,室温下易挥发。汞中毒以慢性为多见,是长期吸入汞蒸气和汞化合物粉尘所致。以精神-神经异常、齿龈炎、震颤为主要症状。大剂量汞蒸气吸入或汞化合物摄入即发生急性汞中毒。水银温度计打碎后,要尽快用滴管将汞珠吸起,放入水中或甘油中保存,尽量收集完全,无法收集上来的细小汞粒再洒上硫磺粉或三氯化铁溶液予以清除。所以打碎水银温度计并不可怕,可怕的是不知怎样处理,置之不理只会让你自己和周边的人发生汞中毒的慢性积累。

(2) 苯胺及其衍生物:长期大面积接触均会导致慢性中毒,从而导致贫血。

(3) 苯酚:烧伤皮肤,引起皮肤坏死或皮炎,沾染后应立即用温水及稀乙醇清洗。

(4) 硝基苯及其他芳香族硝基化合物:中毒后引起顽固性贫血及黄疸病,刺激皮肤会引起湿疹。

以上这些毒物主要是通过呼吸道和皮肤接触对人体造成危害,预防中毒应做到以下几点。

(1) 称量药品时应使用工具,不得直接用手接触,尤其是有毒药品。做完实验后,应洗手后再吃东西。任何药品不能用嘴尝。

(2) 剧毒药品应妥善保管,不许乱放,实验中所用的剧毒物质应由专人负责收发,并向使用毒物者提出必须遵守的操作规程。实验后的有毒残渣必须做妥善而有效的处理,不准乱丢。

(3) 有些剧毒物质会渗入皮肤,因此,接触这些物质时必须戴橡皮手套,操作后应立即洗手,切勿让毒物沾及五官或伤口。

(4) 反应过程中可能生成有毒或有腐蚀性气体的实验应在通风橱内进行,使用后的器皿应及时清洗。在使用通风橱时,实验开始后不要把头部伸入橱内。

4. 药品灼伤、烫伤的预防及处理

有机化学的合成实验经常会用到强酸(如浓硫酸、浓磷酸、浓硝酸)作为催化剂或氧化剂,偶尔还会接触到强碱,取用这些强腐蚀性酸碱的时候可以佩戴耐酸碱手套以保护手部皮肤,一旦皮肤接触了这些腐蚀性物质后可能被灼伤。发生灼伤时应按下列要求处理。

1) 酸灼伤

皮肤上——立即用大量清水冲洗,然后用5%碳酸氢钠溶液洗涤后,涂上油膏,并将伤口包扎好。

眼睛上——轻轻蘸去溅在眼睛外面的酸,立即用水冲洗,用洗眼杯或将橡皮管套上水龙头用慢水对准眼睛冲洗后,即到医院就诊,或者再用稀碳酸氢钠溶液洗涤,最后滴入少许蓖麻油。

衣服上——依次用水、稀氨水和水冲洗。

地板上——撒上石灰粉,再用水冲洗。

2) 碱灼伤

皮肤上——先用水冲洗,然后用饱和硼酸溶液或1%乙酸溶液洗涤,再涂上油膏,并包扎好。

眼睛上——轻轻蘸去溅在眼睛外面的碱,用水冲洗,再用饱和硼酸溶液洗涤后,滴入蓖麻油。

衣服上——先用水洗,然后用10%乙酸溶液洗涤,再用氢氧化铵中和多余的乙酸后用水冲洗。

其实大家可以看到,处理酸碱灼伤的第一步就是用大量清水冲洗,谨记之!

上述各种急救法,仅为暂时减轻疼痛的措施。若伤势较重,在急救之后,应速送医院诊治。

3) 烫伤

通常会发生在加热液体暴沸,冲出反应瓶,而你恰好在旁边之时,或是长时间触摸过热的容器。

处理:轻伤者涂以玉树油或鞣酸油膏,重伤者涂以烫伤油膏后送医务室诊治。

5. 玻璃割伤的预防及处理

有机化学实验所用到的玻璃仪器远远多于无机化学实验。其实有机化学实验用到的药品很简单,有些基础型合成实验只用到两三种药品,而玻璃仪器却是在有机化学实验中经常要接触的,包括反应仪器(圆底烧瓶、冷凝管、接引管,以及各种连接管等)、后处理仪器(分液漏斗、锥形瓶、量筒等),这些玻璃仪器在操作过程中一不小心就会被打碎。不要因为打碎玻璃仪器而惊慌失措,这是很正常的,每个搞化学的人都会经历,磨口仪器的赔偿是小事,不要伤到自己才是重点。预防措施有:将不需要或用完的玻璃仪器随手收拾到相应位置,不要在实验台上乱放(如量筒,实验室的量筒经常是上口碎的,毋庸置疑是在实验台面上刮倒而造成的);接引管在安装时一定要最后安装,也就是在不需要调整仪器位置、可以开始加热时再安装上去,它的作用只是起到将馏出液引流到接收瓶中,而且它还是悬空安装的(尤其在有长长的分馏柱时更为危险易碎)。经实践统计,接引管的打碎率是最高的,其次是分液漏斗,分液漏斗起到对粗产品中的副产物及杂质的分离萃取作用,几乎每个合成实验都会用到。分液漏斗打碎有两种情况:一是它下面长长的导液管,清洗的时候容易碰到水槽壁而碰断;二是它的活塞,有些同学没有加装橡皮筋而使活塞无固定,脱落打碎。

一旦发生玻璃割伤,要仔细观察伤口有没有玻璃碎粒,如果有,应先把伤口处的玻璃碎粒取出。若伤势不重,先进行简单的急救处理,如涂上万花油,再用纱布包扎;若伤口严重、流血不止时,可在伤口上部约 10 cm 处用纱布扎紧,减慢流血,压迫止血,随即到医院就诊。

6. 触电的预防及处理

有机化学实验加热时经常会使用电加热器,在使用时应防止人体与电器导电部分直接接触,不能用湿手或用手握湿的物体接触电插头。为了防止触电,装置和设备的金属外壳等都应连接地线,实验后应切断电源,再将连接电源的插头拔下。一旦发生触电事故,切不可惊慌失措,束手无策,首先要马上切断电源开关,如电源开关距离较远,可用绝缘的物体(如木棒、竹竿、手套等)将电线移掉,使触电者脱离电流损害的状态。千万不能徒手去拉触电者,这样只能好心救人却害了自己。

将脱离电源后的触电者迅速移至比较通风、干燥的地方,使其仰卧,将上衣与裤带放松,如情况不严重,能在短期内恢复知觉,如情况严重,应就地用人工心肺复苏术进行施救,并同时联系就近医院接替救治。

看了上面这几条安全事故方面的预防及处理方法,请大家不要对有机化学实验存在畏惧心理,其实以上事故的发生概率是非常非常小的,而且如果预防工作做充分的话,几乎可以杜绝事故的发生。因此希望大家胆大心细地进行实验操作。

1.4 有机化学实验的预习、记录和实验报告的基本要求

有机化学实验课是一门综合性较强的理论联系实际的课程。它是培养学生独立工作能力的重要环节。完成一份正确、完整的实验报告,也是一个很好的训练过程。

每一位有机化学实验指导教师都有自己关于实验室安全、实验室规则和实验报告的想法和要求。本书列出的内容只是作为一个参考,一切都应以你的指导教师的要求为准。

1.4.1 实验预习

实验预习的内容包括:
(1) 实验目的——写出本次实验要达到的主要目的。
(2) 反应及操作原理——用反应式写出主反应及副反应,简单叙述操作原理。
(3) 物理常数表——包括在实验中用到的所有反应物、产物及溶剂等的名称或结构,给出其分子式、相对分子质量和用量(克、毫升,并换算成摩[尔])。同时这个表中还应包括如相对密度、颜色和气味等物理性质,涉及安全或健康问题的药品也应突出标明。
(4) 画出主要反应装置图。
(5) 操作步骤——尽量用流程图表示,也可以用文字,叙述要简明扼要,必须用自己的话去表达,不要简单复制书上的步骤来做报告。
(6) 回答实验前的任何问题。

预习时,应想清楚每一步操作的目的是什么,为什么这么做,要弄清楚本次实验的关键步骤和难点,实验中有哪些安全问题及注意事项,合理安排实验时间进度。预习是做好实验的关键,只有预习好了,实验时才能做到又快又好。

1.4.2 实验记录

认真做好实验记录是每个实验者必须做到的。实验记录是科学研究最重要、最原始的凭证,实验记录的好坏直接影响对实验结果的分析。因此,学会做好实验记录也是培养大家严谨的科学工作习惯以及实事求是精神的一个重要环节。

记录的具体内容有:
(1) 日期,包括年、月、日和时间,环境条件(如温度、湿度等);
(2) 实验名称;
(3) 实验目的;
(4) 实验方案;
(5) 使用试剂(名称、批号、厂家、等级、用量);
(6) 使用仪器(名称、型号、供货厂商);
(7) 实验过程:详细描述实验步骤及各步骤出现的现象;
(8) 实验结果:产品的产量、产率、测定的物理常数数据;
(9) 实验小结:简短的实验结果总结和解释,将有助于指导后续的研究。其内容包括主要结论、存在问题、改进方法和实验体会等。

实验记录的要求：

要记住六个字——"真实""详细""及时"。"真实"是指记录应反映实验中的真实情况，不是抄书，也不是抄袭他人的数据或内容，而是根据自己的实验事实如实地、科学地记叙，绝不可做任何不符实际的虚伪记录。"详细"是要求对实验中的任何数据、现象都做详细记录，甚至包括自己认为无用的内容都要不厌其烦地记录下来。有些数据、内容宁可在整理总结实验报告时舍去，也不要因为缺少数据而浪费大量时间重做实验。"及时"是指实验时要边做边记，不要在实验结束后补做"回忆录"。回忆容易造成漏记和误记，影响实验结果的准确性和可靠程度。

实验记录不要随便记在一张纸上，最好记在实验记录本上。

1.4.3 实验报告

实验操作完成后，必须对实验进行归纳总结，分析讨论，整理成文。只有完成了实验报告的整理后，才能算真正完成了一个实验的全过程。

实验报告的具体内容包括：

(1) 实验目的。
(2) 实验原理。
(3) 主要试剂及产物的物理常数。
(4) 仪器装置图。
(5) 实验步骤。
(6) 实验结果及讨论：

结果部分要将实验记录上的原始数据写上，并描述产品的颜色、状态、气味等物理性质，同时将测出的产品物理常数一并写上。合成类型的实验一定要计算产率，在计算理论产量时，应注意：①有多种原料参加反应时，以物质的量最小的那种原料的量为准，并根据主反应方程式中反应物与产物的物质的量之比，计算出产物的理论产量(最后要将产物的物质的量换算成质量单位克)；②不能用催化剂或引发剂的量来计算；③有异构体存在时，以各种异构体理论产量之和进行计算，实际产量也是异构体实际产量之和。计算公式如下：

$$产率 = \frac{实际产量}{理论产量} \times 100\%$$

讨论部分要分析实验中出现的问题和解决的办法，也可以对实验提出改进性的建议。通过讨论达到从感性认识上升到理性认识的目的。

(7) 思考题：每个实验后都有一些思考题，可以帮助大家对这个实验进行更深层次的思考，请根据指导教师的要求在实验报告中作出解答。

实验报告要求条理清楚，文字简练，图表清晰、准确。一份完整的实验报告可以充分体现各人对实验理解的深度、综合解决问题的能力及文字表达的能力。

下面给出实验报告的格式。

1.4.4 实验报告示例

实验题目　溴乙烷的制备

实验目的：

(1) 学习从醇制备溴代烷的原理和方法；

(2) 学习蒸馏装置和分液漏斗的使用方法。

实验原理：

主反应：
$$NaBr + H_2SO_4 \longrightarrow HBr + NaHSO_4$$
$$C_2H_5OH + HBr \longrightarrow C_2H_5Br + H_2O$$

副反应：
$$2C_2H_5OH \longrightarrow C_2H_5OC_2H_5 + H_2O$$
$$C_2H_5OH \longrightarrow CH_2=CH_2 + H_2O$$
$$2HBr + H_2SO_4 \longrightarrow Br_2 + SO_2 + 2H_2O$$

主要试剂及产物物理常数：

试剂名称	相对分子质量	熔点/℃	沸点/℃	相对密度	相对折光率	溶解度/(g/100 g 溶剂)
乙醇	46	−117	78.4	0.79	1.3993	水中∞
溴化钠	103				1.4398	水中79.5(0℃)
硫酸	98	10.38	340(分解)	1.83		水中∞
溴乙烷	109	−118.6	38.4	1.46		水中1.06(0℃),醇中∞
亚硫酸氢钠	104	150		1.48		水中42(25℃)
乙醚	74	−116	34.6	0.71		水中7.5(20℃),醇中∞
乙烯	28	−169	−103.7			

主要试剂的规格及用量：

试剂名称	规格	实际用量			理论量/mol	理论产量
		g	mL	mol		
95%乙醇	分析纯	8	10	0.165	0.126	
溴化钠	分析纯	13		0.126		
硫酸	98%,分析纯		19	0.34	0.126	
溴乙烷					0.126	13.4 g

仪器装置图：

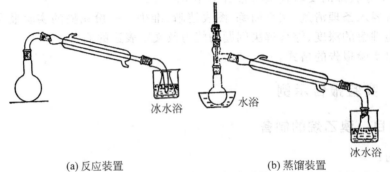

(a) 反应装置　　　　　　　　(b) 蒸馏装置

实验流程图：

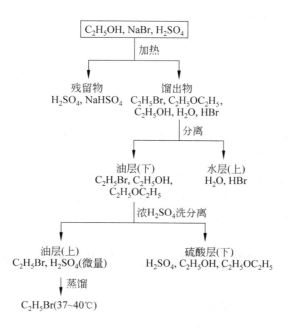

实验记录：

时　间	步　骤	现　象	备　注
8:30	安装反应装置		接收器中盛 20 mL 水 +5 mL 饱和亚硫酸氢钠，并用冷水浴冷却接收器
8:45	在烧瓶中加入 13 g 溴化钠，然后加入 9 mL 水，振荡使其溶解	固体成碎粒状，未全溶	
8:55	再加入 10 mL 95% 乙醇，混合均匀		
9:00	振荡冷却下逐渐滴加 19 mL 浓硫酸，同时用水浴冷却	放热	
9:10	加入几粒沸石开始加热		
9:20		出现大量细泡沫	
9:25		冷凝管中有馏出液，乳白色油状物沉在水底	
10:15		固体消失	
10:25	停止加热	馏出液已无油滴，瓶中残留物冷却成无色结晶	用烧杯盛少量水检验有无油滴
10:30	用分液漏斗分出油层		油层 8 mL
10:35	油层用冰水冷却，缓慢滴加 5 mL 浓硫酸，振荡后静置	油层（上）变透明	
10:50	分去下层硫酸		
11:05	安装好蒸馏装置		接收瓶 53.0 g
11:10	加热油层，蒸馏		
11:18	开始有馏出液	38 ℃	
11:33	蒸馏完毕	39.5 ℃	接收瓶 + 溴乙烷 63.0 g，溴乙烷 10 g

产品与产率：

产品外观：无色透明液体

理论量的计算：0.126 mol，13.4 g

实际产量：10.0 g

产率计算：74.6%

实验讨论：

本次实验产品的产率74.6%，质量（无色透明液体）基本合格。

最初得到的几滴初产品略带黄色，可能是因为加热太快，溴化氢被硫酸氧化而分解产生溴所致。经调节加热速度后，粗产品呈乳白色。

硫酸洗涤时发热，说明粗产物中尚有未反应的乙醇、副产物乙醚和水。副产物乙醚可能是由于加热过猛产生的；而水则可能是从水中分离粗产品时带入的。由于溴乙烷的沸点较低，因此在用硫酸洗涤时会因放热而损失部分产品。

1.5 有机化学实验的常用仪器和装置

了解有机化学实验中所用仪器的性能、选用适合的仪器并正确地使用仪器是对每一个实验者最基本的要求。参阅本节的图，你就能识别目前还不熟悉的仪器设备了。

1.5.1 有机化学实验常用的玻璃仪器

玻璃仪器一般是由软质或硬质玻璃制作而成的。软质玻璃耐温、耐腐蚀性较差，但是价格便宜，因此，一般用它制作的仪器均不耐温，如普通漏斗、量筒、吸滤瓶、干燥器等。硬质玻璃具有较好的耐温和耐腐蚀性，制成的仪器可在温度变化较大的情况下使用，如烧瓶、烧杯、冷凝管等。

玻璃仪器一般分为普通和标准磨口两种。实验室中常用的普通玻璃仪器有非磨口锥形瓶、烧杯、布氏漏斗、吸滤瓶、量筒、普通漏斗等，见图1-1(a)。常用标准磨口玻璃仪器有磨口

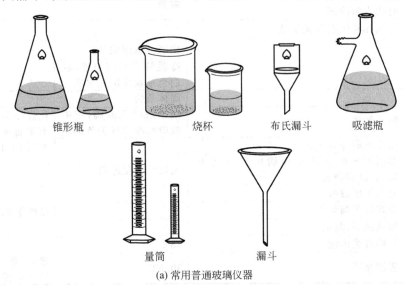

(a) 常用普通玻璃仪器

图1-1 常用玻璃仪器

1 有机化学实验综合介绍

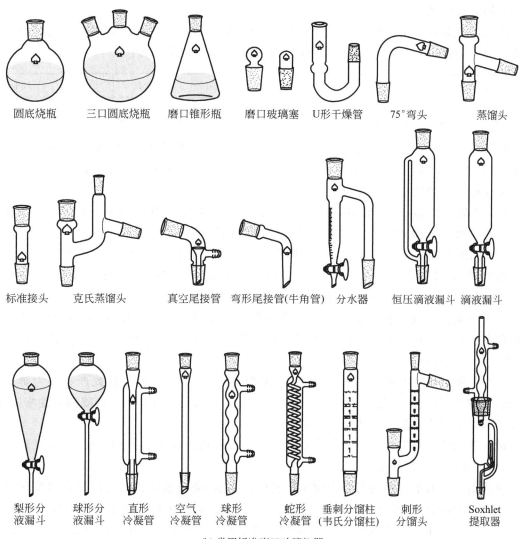

(b) 常用标准磨口玻璃仪器

图 1-1(续)

锥形瓶、圆底烧瓶、三口圆底烧瓶、蒸馏头、冷凝管、尾接管等,见图 1-1(b)。

标准磨口玻璃仪器是具有标准磨口或磨塞的玻璃仪器。由于口塞尺寸的标准化、系统化,磨砂密合,凡属于同类规格的接口,均可任意互换,各部件能组装成各种配套仪器。当不同类型规格的部件无法直接组装时,可使用变径接头使之连接起来。使用标准磨口玻璃仪器既可免去配塞子和钻孔的麻烦,又能避免反应物或产物被塞子沾污;口塞磨砂性能良好,使密合性可达较高真空度,对蒸馏尤其是减压蒸馏有利,对于毒物或挥发性液体的实验较为安全。

1.5.2 玻璃仪器的连接与装配

1. 仪器的连接

有机化学实验中所用玻璃仪器间的连接一般采用两种形式:塞子连接和磨口连接。现大多使用磨口连接。

我国标准磨口采用国际通用技术标准,常用的是锥形标准磨口。玻璃仪器的容量大小及用途不同,可采用不同尺寸的标准磨口。常用的标准磨口系列为:

编　号	10	12	14	19	24	29	34
大端直径/mm	10.0	12.5	14.5	18.8	24.0	29.2	34

每件仪器上带内磨口还是外磨口取决于仪器的用途。带有相同编号的一组仪器可以互相连接,带有不同编号的磨口需要用大小接头或小大接头过渡才能紧密连接。

使用标准磨口玻璃仪器时应注意以下事项:

(1) 必须保持磨口表面清洁,特别是不能沾有固体杂质,否则磨口不能紧密连接。硬质沙粒还会给磨口表面造成永久性的损伤,破坏磨口的严密性。

(2) 标准磨口仪器使用完毕必须立即拆卸,洗净,各个部件分开存放,否则磨口的连接处会发生黏结,难以拆开。非标准磨口部件(如滴液漏斗、分液漏斗等的旋塞)不能分开存放,应在磨口间夹上纸条以免日久黏结。

盐类或碱类溶液会渗入磨口连接处,蒸发后析出固体物质,易使磨口黏结,所以不宜用磨口仪器长期存放这些溶液。使用磨口装置处理这些溶液时,应在磨口涂上润滑脂(凡士林、真空活塞脂或硅脂)。

(3) 在常压下使用时,磨口一般无须涂抹润滑脂,以免沾污反应物或产物。为防止黏结,也可在磨口靠大端的部位涂敷很少量的润滑脂。如果要处理盐类溶液或强碱性物质,则应将磨口的全部表面涂上一薄层润滑脂。

减压蒸馏使用的磨口仪器必须涂真空活塞脂或硅脂。在涂润滑脂之前,应将仪器洗刷干净,磨口表面一定要干燥。

从内磨口涂有润滑脂的仪器中倾出物料前,应先将磨口表面的润滑脂用有机溶剂擦拭干净(用脱脂棉或滤纸蘸石油醚、乙醚、丙酮等易挥发的有机溶剂),以免物料受到污染。

(4) 只要正确遵循使用规则,磨口很少会打不开。一旦发生黏结,可采取以下措施:

① 将磨口竖立,往上面缝隙间滴几滴甘油。如果甘油能慢慢地渗入磨口,则最终能使连接处松开。

② 使用热吹风、热毛巾,或在教师指导下小心加热磨口外部,当外部受热膨胀、内部还未热起来时,再试验能否将磨口打开。

③ 将黏结的磨口仪器放在水中逐渐煮沸,通常也能使磨口打开。

④ 用木板沿磨口轴线方向轻轻敲击外磨口的边缘,磨口也会松开。

⑤ 如果磨口表面已被碱性物质腐蚀,黏结的磨口就很难打开了。

2. 仪器的装配

使用同一号的标准磨口玻璃仪器,仪器利用率高,互换性强,可在实验室中组合成多种多样的实验装置(参见各制备实验中"仪器装置")。

实验装置(特别是机械搅拌这样的动态操作装置)必须用铁夹固定在铁架台上,才能正常使用。因此要注意铁夹等的正确使用方法。

仪器装置的安装顺序一般为：以加热源为基准，按从下到上、从左到右的顺序安装。

1.5.3 有机化学实验常用装置

1. 蒸馏装置

蒸馏装置是有机化学实验中常用的一套装置，也是最基础的一套装置，请大家一定要牢记此套装置。蒸馏是分离两种或两种以上沸点相差较大液体的常用方法。根据操作压强不同可分为：常压蒸馏、减压蒸馏和加压蒸馏。我们通常所说的普通蒸馏就是常压蒸馏。图1-2就是最常用的常压蒸馏装置。整套装置是将液体混合物加热至沸腾，使产生的蒸气导入冷凝管，经冷凝管冷却凝结成液体进入接收瓶中的一种蒸发、冷凝的过程。要注意温度计水银球的位置：温度计水银球的上端要与蒸馏头支管口的下端在一条水平线上。在后面的基本操作实验章节里会更加详细介绍常压蒸馏的，这里只是让大家简单了解一下这套装置。

2. 分馏装置

分馏装置就是在蒸馏装置的基础上多加了一根分馏柱，如图1-3所示，通常使用垂刺分馏柱，又称韦氏分馏柱。分馏也是一种分离几种沸点不同的液体混合物的方法，与蒸馏最大的区别就在于分馏可以分开沸点相差不大（约20℃以下）的液体混合物，这都要归功于分馏柱，它将多次汽化-冷凝的过程在柱内连续完成。因此，分馏实际上是多次蒸馏。在基本操作实验部分还会有详细的介绍。

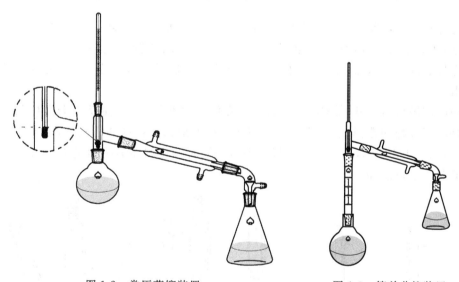

图1-2　常压蒸馏装置　　　　图1-3　简单分馏装置

3. 回流反应装置

很多有机化学反应需要在反应体系的溶剂或液体反应物的沸点附近进行，在这种情况下，就需要使用回流冷凝装置，使蒸气不断地在冷凝管内冷凝而返回反应器中，以防止反应瓶中的液体蒸发损失掉。图1-4是最简单的回流反应装置。将反应物质放在圆底烧瓶中，在适当的热源上或热浴中加热。直立的冷凝管夹套中自下而上通入冷水,使夹套充满水,水流速度不必很快,能保持蒸气充分冷凝即可。加热的程度也需控制,使蒸气上升的高度不超过冷凝管的 1/3。冷凝管上口一定要与大气相通,千万不能密闭,以免加热后压力增大造成仪器炸裂。

如果反应物怕受潮,可在冷凝管上口加装氯化钙干燥管来防止湿气侵入,如图 1-5 所示。如果反应中会放出有害气体(如溴化氢),可加装有害气体吸收装置,如图 1-6 所示。玻璃漏斗应略微倾斜使漏斗口一半在水面上,一半在水面下,这样既能防止气体逸出,又可防止水被倒吸至反应瓶中。

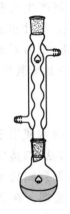

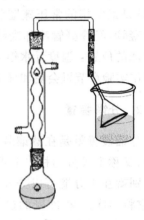

图 1-4　简单回流装置　　　图 1-5　带干燥管的回流装置　　　图 1-6　带气体吸收装置的回流装置

在进行某些可逆反应时,为了使正反应进行到底,可将产物之一不断从反应体系中除去,常采用回流分水装置除去生成的水。在图 1-7 所示的装置中,有一个分水器,回流下来的蒸气冷凝液进入分水器,分层后,有机层(上层)自动被顶回烧瓶中,而生成的水可从分水器中放出去。

有些反应进行得剧烈,放热量大,如将反应物一次性加入,会使反应失去控制;有些反应为了控制反应物的选择性,也不能将反应物一次性加入。在这些情况下,可采用滴加回流冷凝装置,如图 1-8 所示,这种装置可以在回流的同时将液体逐渐滴加进去参与反应。常用恒压滴液漏斗进行滴加。

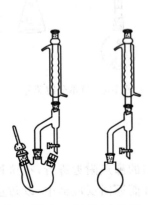
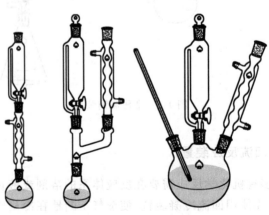

图 1-7　带分水器的回流装置　　　　图 1-8　带有滴加装置的回流装置

4. 滴加蒸出反应装置

有些可逆的有机反应，为了有利于正反应方向的进行，需要一边滴加反应物一边将产物或产物之一蒸出反应体系，这时常用与图 1-9 类似的反应装置来进行这种操作。在图 1-9 所示的装置中，产物可单独或形成共沸混合物不断在反应过程中被蒸馏出去，并可通过恒压滴液漏斗将一种或多种反应物逐渐滴加进去以控制反应速率或使正反应进行完全。

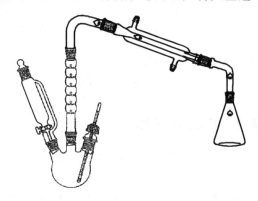

图 1-9　滴加蒸出反应装置

5. 搅拌反应装置

当固体和液体或互不相溶的液体进行反应时，为了使反应混合物能充分接触，应该进行搅拌或振荡。在反应物量小、反应时间短，而且不需要加热或温度不太高的操作中，用手摇动容器就可达到充分混合的目的。用回流冷凝装置进行反应时，有时需做间歇的振荡。这时可将固定烧瓶和冷凝管的夹子暂时松开，一只手扶住冷凝管，另一只手拿住瓶颈作圆周运动；每次振荡后，应把仪器重新夹好。也可用振荡整个铁架台的方法（这时夹子应夹牢）使容器内的反应物充分混合。

在那些需要用较长时间进行搅拌的实验中，最好用电动搅拌器。电动搅拌的效率高，节省人力，还可以缩短反应时间。

图 1-10 所示为适合不同需要的机械搅拌装置。搅拌棒是用电机带动旋转的，常用聚四氟乙烯制成的搅拌棒。搅拌棒和反应器之间须采用密封装置连接，而且密封连接装置不能影响搅拌棒的旋转。可采用自制的简单橡皮管密封或用液封管密封，目前在仪器市场还可以买到由聚四氟乙烯制成的具有标准口径的搅拌密封塞，使用方便有效。安装整套装置时要根据搅拌棒的长度（不宜太长）选定三口烧瓶和电机的位置。先将电机固定好，再把已插入密封塞中的搅拌棒连接到电机的轴上，然后小心地将三口烧瓶套上去，至搅拌棒的下端距瓶底距离适当，如还插有温度计，要使搅拌叶打开后不能碰上温度计水银球，之后将三口烧瓶夹紧。检查这几件仪器安装得是否垂直，电机的轴和搅拌棒应在同一直线上。用手试验搅拌棒转动是否灵活，再以低转速开动电机，试验运转情况。最后装上冷凝管、恒压滴液漏斗（或温度计），用夹子夹紧。

还有恒温磁力搅拌器，也可用于液体的恒温搅拌，使用方便，噪声小，搅拌力较强，调速平稳，温度采取电子自动恒温控制。

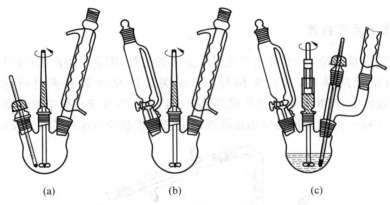

图 1-10 搅拌反应装置

1.5.4 仪器的选择、装配与拆卸

有机化学实验的各种反应装置都是由一件件玻璃仪器组装而成的，实验中应根据实验要求选择合适的仪器。一般选择仪器的原则如下：

（1）烧瓶的选择。根据液体的体积而定，一般液体的体积应占容器体积的1/3～1/2，也就是说烧瓶容积的大小约为液体体积的1.5倍。进行水蒸气蒸馏和减压蒸馏时，液体体积不应超过烧瓶容积的1/3。

（2）冷凝管的选择。一般情况下回流用球形冷凝管，蒸馏用直形冷凝管。但是当蒸馏或回流沸点超过140℃的液体时应改用空气冷凝管，以防冷凝管内外温差较大而造成冷凝管炸裂。

（3）温度计的选择。实验室一般备有150℃和300℃两种温度计，根据所测温度可选用不同的温度计。一般选用的温度计要高于被测温度10～20℃。

有机化学实验中仪器装配得正确与否，对于实验的成败有很大关系。

首先，在装配一套装置时，所选用的玻璃仪器和配件都要干净，否则，往往会影响产物的产量和质量。

其次，安装仪器时，应选好主要仪器的位置，要先下后上，先左后右，逐个将仪器边固定边组装。拆卸的顺序则与组装相反。拆卸前，应先停止加热，关掉冷凝水，待稍微冷却后，先取下产物，然后再逐个拆掉。拆冷凝管时注意不要将水洒到电热套上。

总之，仪器装配要求做到上下呈一个平面，左右呈一条直线。在常压下进行反应的装置，应与大气相通。铁夹的双钳内侧贴有橡皮或绒布，或缠上石棉绳、布条等，否则容易将仪器损坏。

使用玻璃仪器，最基本的原则是切忌对玻璃仪器的任何部分施加过度的压力或扭力，实验装置的马虎装配不仅看上去使人感觉不舒服，而且也是潜在的危险。因为歪歪扭扭的实验装置在玻璃仪器内部会产生应力，在加热时会破裂，有时甚至在放置时也会崩裂。

1.5.5 常用玻璃器皿的洗涤和干燥

1. 玻璃器皿的洗涤

在进行有机实验时为了避免杂质的混入，实验用的玻璃仪器必须清洁。

要做到实验用过的玻璃仪器必须立即洗涤,应该养成习惯。由于污垢的性质在当时是清楚的,用适当的方法进行洗涤是容易办到的。若日子久了,会增加洗涤的困难。

洗涤的一般方法是用相应的刷子(如烧瓶刷、烧杯刷、冷凝管刷等)蘸上去污粉或皂粉、洗衣粉,刷洗直至玻璃表面污物去除为止,最后再用自来水清洗。有些有机反应残留物为胶状或焦油状,用洗衣粉很难洗净,这时可根据具体情况采用规格较低或回收的有机溶剂(如乙醇、丙酮和乙醚等)浸泡后洗涤。还可根据污垢的性质选用适当的洗液进行洗涤。如果是酸性(或碱性)的污垢,用碱性(或酸性)洗液洗涤。

若用于精制或有机分析用的器皿,除用上述方法处理外,还须用蒸馏水冲洗。

器皿是否清洁的标志是:加水倒置,水顺着器壁流下,内壁被水均匀润湿有一层既薄又匀的水膜,不挂水珠。

有些有机实验室配有超声波清洗器,用它来洗涤玻璃仪器既省时又方便。

2. 玻璃仪器的干燥

有机化学实验经常要使用干燥的玻璃仪器,故要养成在每次实验后马上把玻璃仪器洗净和倒置使之干燥的习惯,以便下次实验时使用。干燥玻璃仪器的方法有下列几种。

1)自然风干

自然风干是指把已洗净的仪器放在干燥架上自然风干,这是常用和简单的方法。但必须注意,若玻璃仪器洗得不够干净时,水珠便不易流下,干燥就会较为缓慢。

2)烘干

把玻璃器皿顺序从上层向下层放入烘箱烘干,放入烘箱中干燥的玻璃仪器,一般要求不带水珠。器皿口向上,带有磨砂口玻璃塞的仪器,必须取出活塞后,才能烘干,烘箱内的温度保持在100~105℃,约0.5 h,待烘箱内的温度降至室温时才能取出。切不可把很热的玻璃仪器取出,以免破裂。当烘箱已工作时则不能往上层放入湿的器皿,以免水滴下落,使下层热的器皿骤冷而破裂。

3)吹干

有时仪器洗涤后需立即使用,这时可进行吹干,即用气流干燥器或电吹风把仪器吹干。首先将水尽量沥干后,加入少量丙酮或乙醇摇洗并倾出,先通入冷风吹1~2 min,待大部分溶剂挥发后,吹入热风至完全干燥为止,最后吹入冷风使仪器逐渐冷却。

1.5.6 常用玻璃仪器的保养

有机化学实验常用的各种玻璃仪器的性能是不同的,必须掌握它们的性能、保养和洗涤方法,才能正确使用,提高实验效果,避免不必要的损失。下面介绍几种常用的玻璃仪器的保养和清洗方法。

1. 温度计

温度计水银球部位的玻璃很薄,容易破损,使用时要特别小心,一不能用温度计当搅拌棒使用;二不能测定超过温度计最高刻度的温度;三不能把温度计长时间放在高温的溶剂中,否则,会使水银球变形,读数不准。

温度计用后要让它慢慢冷却,特别在测量高温之后,切不可立即用水冲洗,否则,会使温度计破裂,或水银柱断裂。应悬挂在铁架台上,待冷却后再洗净抹干,放回温度计盒内,盒底要垫上一小块棉花。如果是纸盒,放回温度计时要检查盒底是否完好。

2. 冷凝管

冷凝管通水后很重,所以安装冷凝管时应将夹子夹在冷凝管的重心位置,以免翻倒。洗刷冷凝管时要用特制的长毛刷,如用洗涤液或有机溶液洗涤时,则用软木塞塞住一端,不用时,应直立放置,使之易干。

3. 分液漏斗

分液漏斗的活塞和盖子都是磨砂口的,若非原配的,就可能不严密,所以,使用时要注意保护它。各个分液漏斗之间也不要相互调换,用后一定要在活塞和盖子的磨砂口间垫上纸片,以免日久后难以打开。

1.5.7 有机化学实验常用电器

1. 加热类仪器

1)电热套

电热套是实验室十分常用的加热仪器,如图 1-11 所示,由玻璃纤维包裹着金属电加热丝编制的半球形加热内套和控制电路组成,加热时通过调压变压器控制温度,最高加热温度可达 400℃ 左右。电热套属于空气浴加热的一种,安装反应装置时圆底烧瓶应用铁夹固定在距电热套内壁约 1 cm 的高度,切不可使烧瓶紧贴着电热套内壁。当不小心使液体洒入电热套内壁时,应迅速关闭电源,将电热套放在通风处,待干燥后方可使用,以免漏电或电器短路发生危险。另外还有带有温度感应装置的数显恒温电热套,如图 1-12 所示。

图 1-11 普通电热套

图 1-12 数显恒温电热套

2)水浴锅

反应温度在 100℃ 以下的实验可选用水浴锅作为加热器,一般采用数显恒温型水浴锅(见图 1-13),温度可调、恒定,而且还有多孔型水浴锅可供多套反应装置同时使用。因水浴加热至指定温度需要一定时间,为了节省实验时间,可预先加入水后设定到相应温度开始加热,然后再去做其他的实验准备工作。

安全提醒：水溶锅切不可无水干烧,容易引起电源短路起火及温感装置的损坏。

3）万用电炉

万用电炉（见图 1-14）采用铁铬电热丝作为发热元件,可通过旋钮调节加热功率。具有升温快、可加热温度高的特点。在使用时其周围环境空气中应无易燃性、腐蚀性气体或导电尘埃存在；如药品洒到电阻丝上,应立即拔掉电源,以免造成短路；加热时在炉面与加热容器间要铺上石棉网,炉底要垫上隔热板。

图 1-13　双孔数显恒温水浴锅　　　　　　图 1-14　万用电炉

大家可根据具体实验要求选用加热仪器。

2. 反应搅拌器

如图 1-15 所示为电动机械搅拌器,一般适用于油水等溶液或固液反应中。机械搅拌器有马达和调速电机一体的,及马达和调速电机分开的两种形式,有些还具有数显功能。

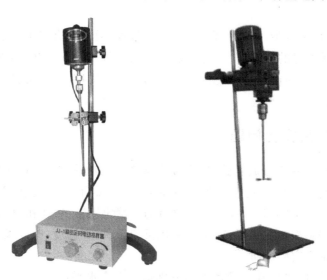

图 1-15　电动机械搅拌器

磁力搅拌器（见图 1-16）是通过磁场的不断旋转变化来带动反应容器内的磁转子随之旋转，从而达到连续搅拌的目的。一般都有控制转速和加热的装置。在反应物的量较少、加热温度不高的情况下使用磁力搅拌器尤为适合。

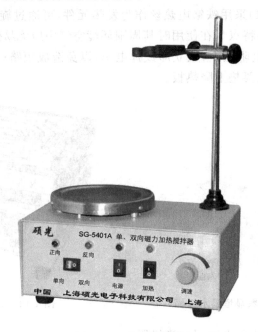

图 1-16　磁力搅拌器

另外常用的有机实验电器还有烘箱、电吹风、真空水循环泵等。

1.6　实验方案优化设计

对于一个有机化学实验（如有机合成或提取）过程，通常会有多个因素——如反应温度、反应时间、原料物质的量的比等——对实验结果（收率及纯度等）产生影响。合理地安排实验可以达到获得更多实验信息、减少实验次数、缩短实验周期、节约实验费用的目的，因此优化实验设计就很重要。

1.6.1　多因素实验问题

例 1-1　在进行某有机合成实验时，为提高某产品的收率，选择了三个主要因素进行实验研究，即反应温度 A、反应时间 B 和用碱量 C，并确定了它们的实验范围，即 A：$80\sim90$ ℃；B：$90\sim150$ min；C：$5\%\sim7\%$。实验目的是确定因素 A、B 和 C 对收率的影响，及哪些是主要因素，哪些是次要因素，从而确定最优反应条件，即温度、时间及用碱量各为多少才能使收率最高，并制定实验方案。

这里，对因素 A、B 和 C 在实验范围内分别选取三个水平：

A：$A_1=80$ ℃，$A_2=85$ ℃，$A_3=90$ ℃；

B：$B_1=90$ min，$B_2=120$ min，$B_3=150$ min；

C：$C_1=5\%$，$C_2=6\%$，$C_3=7\%$。

即取三因素三水平,通常有两种实现方法。

1) 全面试验法

$A_1B_1C_1$	$A_2B_1C_1$	$A_3B_1C_1$
$A_1B_1C_2$	$A_2B_1C_2$	$A_3B_1C_2$
$A_1B_1C_3$	$A_2B_1C_3$	$A_3B_1C_3$
$A_1B_2C_1$	$A_2B_2C_1$	$A_3B_2C_1$
$A_1B_2C_2$	$A_2B_2C_2$	$A_3B_2C_2$
$A_1B_2C_3$	$A_2B_2C_3$	$A_3B_2C_3$
$A_1B_3C_1$	$A_2B_3C_1$	$A_3B_3C_1$
$A_1B_3C_2$	$A_2B_3C_2$	$A_3B_3C_2$
$A_1B_3C_3$	$A_2B_3C_3$	$A_3B_3C_3$

共有 $3^3=27$ 次实验。全面试验法的优点为对各因素与实验指标之间的关系剖析得比较清楚。其缺点也是显而易见的：①实验次数太多,费时,费事,当因素水平比较多时,实验将无法完成,比如选六个因素,每个因素选五个水平时,全面试验的数目是 $5^6=15\,625$ 次；②不做重复实验,无法估计误差；③无法区分因素的主次。

2) 简单比较法

即变化一个因素而固定其他因素。

固定 B、C 于 B_1、C_1,使 A 变化,得出结果 A_3 最好；

则固定 A 于 A_3,C 还是 C_1,使 B 变化,得出结果 B_2 最好；

则固定 B 于 B_2,A 于 A_3,使 C 变化,实验结果以 C_2 最好；

于是得出最佳工艺条件为 $A_3B_2C_2$。

简单比较法的优点是实验次数少。缺点是：①实验点不具代表性,考察的因素水平仅局限于局部区域,不能全面反映因素的影响；②无法分清因素的主次；③如果不进行重复实验,实验误差就估计不出来,无法确定最佳条件的精度；④无法利用数理统计方法对实验结果进行分析,展望好条件。

1.6.2 正交试验法

考虑兼顾全面实验法和简单比较法的优点,利用根据数学原理制作好的规格化表——正交表来设计实验不失为一种上策。用正交表来安排实验及分析实验结果,这种方法叫做正交试验法。事实上,正交设计的优点不仅表现在实验的设计上,更表现在对实验结果的处理上。

1) 正交试验法的优点

(1) 实验代表性强,实验次数少。

(2) 不需要重复实验,就可以估计实验误差。

(3) 可以分清因素的主次。

(4) 可以使用数理统计的方法处理实验结果,展望好条件。

2) 正交试验法的特点

（1）均衡分散性——代表性。

（2）整齐可比性——可以用数理统计方法对实验结果进行处理。用正交表安排实验，实验需要考虑的结果称为实验指标，可以直接用数量表示的叫定量指标，不能用数量表示的叫定性指标，定性指标可以按评定结果打分或者评出等级，可以用数量表示，称为定性指标的定量化。

3) 正交表

正交表一般表示为 $L_n(t^q)$，其中，L 代表正交表；n 为正交表的横行数，即实验次数；t 为表中字码数，即因素的水平数；q 为正交表的纵列数，即最多允许安排因素的个数。

正交表具有以下两项性质：

（1）每一列中，不同字码出现的次数相等。例如在表 1-1 中，任何一列都有 1，2，3，且它们在任一列出现的次数均相等。

（2）任意两列中数字的排列方式齐全而且均衡。例如在三水平正交表（如表 1-1）中，任何两列（同一横行内）有序对共有 9 种：(1,1)、(1,2)、(1,3)、(2,1)、(2,2)、(2,3)、(3,1)、(3,2) 和 (3,3)，且每对出现的次数也相等。

表 1-1 $L_9(3^4)$ 正交表

实验号 \ 列号	1	2	3	4
1	1	1	1	1
2	1	2	2	2
3	1	3	3	3
4	2	1	2	3
5	2	2	3	1
6	2	3	1	2
7	3	1	3	2
8	3	2	1	3
9	3	3	2	1

以上两点充分体现了正交表的两大优越性，即"均衡分散（实验点在实验范围内散布均匀），整齐可比（实验点在实验范围内排列规律整齐）"。通俗地说，每个因素的每个水平与另一个因素的每个水平各碰一次，这就是正交性。

4) 用正交表安排实验（以例 1-1 为例）

（1）确定实验指标，本例中，实验目的是研究反应温度、反应时间和用碱量对收率的影响，实验指标为收率。

（2）确定因素-水平表（见表 1-2）。

表 1-2 因素-水平表

水平 \ 因素	温度 A/℃	时间 B/min	碱量 C/%
1	A_1(80)	B_1(90)	C_1(5)
2	A_2(85)	B_2(120)	C_2(6)
3	A_3(90)	B_3(150)	C_3(7)

(3) 选用合适的正交表,本例可取表 1-1 来安排实验(因素顺序上列,水平对号入座)。
(4) 实施实验方案,获得实验结果(见表 1-3)。

表 1-3 正交实验结果

列号 实验号	温度 A/℃	时间 B/min	碱量 C/%	D	收率/%
1	A_1(80)	B_1(90)	C_1(5)	1	31
2	A_1(80)	B_2(120)	C_2(6)	2	54
3	A_1(80)	B_3(150)	C_3(7)	3	38
4	A_2(85)	B_1(90)	C_2(6)	3	53
5	A_2(85)	B_2(120)	C_3(7)	1	49
6	A_2(85)	B_3(150)	C_1(5)	2	42
7	A_3(90)	B_1(90)	C_3(7)	2	57
8	A_3(90)	B_2(120)	C_1(5)	3	62
9	A_3(90)	B_3(150)	C_2(6)	1	64

(5) 正交实验结果的直观分析——极差分析法。

分析内容:①哪些因素对收率影响大,哪些因素影响小;②如果某个因素影响大,那么它取哪个水平对提高收率有利。

可利用正交表的整齐可比性进行分析,对于因素 A:A_1,A_2 和 A_3 各自所在的那组实验中,其他因素的 1,2 和 3 水平都分别出现了一次,于是,

$$K_1^A = 31 + 54 + 38 = 123,$$
$$k_1^A = K_1^A/3 = 123/3 = 41$$

同理,

$$K_2^A = 144, \quad k_2^A = 48; \quad K_3^A = 183, \quad k_3^A = 61$$

式中,K_i^A 为 A 因素在 i 水平下的实验结果之和,k_i^A 为 A 因素在 i 水平下的实验结果的平均值。

比较 k_1^A,k_2^A 和 k_3^A 时,可以认为 B,C 和 D 对 k_1^A,k_2^A 和 k_3^A 的影响是大体相同的,于是可以把 k_1^A,k_2^A 和 k_3^A 之间的差异看作是 A 取了三个不同水平引起的。这就是正交设计表的整齐可比性。

类似地,有

$K_1^B = 141$, $k_1^B = 47$; $K_2^B = 165$, $k_2^B = 55$; $K_3^B = 144$, $k_3^B = 48$

$K_1^C = 135$, $k_1^C = 45$; $K_2^C = 171$, $k_2^C = 57$; $K_3^C = 144$, $k_3^C = 48$

接下来确定因素的主次。将每列的 k_1,k_2,k_3 中最大值与最小值之差称为极差 R。

对因素 A:$R^A = k_3^A - k_1^A = 61 - 41 = 20$

对因素 B:$R^B = k_2^B - k_1^B = 55 - 47 = 8$

对因素 C:$R^C = k_2^C - k_1^C = 57 - 45 = 12$

如果哪个因素的不同水平对应的实验结果之间的差值大,这个因素就是主要因素。直观分析表明:本例中各因素的主次顺序为 $A > C > B$,即反应温度>碱用量>反应时间。

下面确定各因素应取的水平,即找到最佳实验条件(见表 1-4)。

表1-4 确定各因素的水平

实验号 \ 列号	温度 A/℃	时间 B/min	碱量 C/%	D	收率/%
1	A_1(80)	B_1(90)	C_1(5)	1	31
2	A_1(80)	B_2(120)	C_2(6)	2	54
3	A_1(80)	B_3(150)	C_3(7)	3	38
4	A_2(85)	B_1(90)	C_2(6)	3	53
5	A_2(85)	B_2(120)	C_3(7)	1	49
6	A_2(85)	B_3(150)	C_1(5)	2	42
7	A_3(90)	B_1(90)	C_3(7)	2	57
8	A_3(90)	B_2(120)	C_1(5)	3	62
9	A_3(90)	B_3(150)	C_2(6)	1	64
K_1	123	141	135		
K_2	144	165	171		
K_3	183	144	144		
k_1	41	47	45		
k_2	48	55	57		
k_3	61	48	48		
R	20	8	12		

某因素的最大指标所对应的水平为该因素的最佳条件。

对因素 A：$k_3^A=61$ 最大，3 为 A 的最佳水平；

对因素 B：$k_2^B=55$ 最大，2 为 B 的最佳水平；

对因素 C：$k_2^C=57$ 最大，2 为 C 的最佳水平。

实验结果表明，$A_3B_2C_2$ 为最佳条件。

从极差图可以更直观地得出上述结论。

此外，进一步提高因素 A 的取值，可能获得更好的结果，这就为进一步实验指明了方向。

最后，进行最佳条件的验证与确定。对主要因素，选使指标最好的那个水平，本例中 A 选 A_3，C 选 C_2；对次要因素，以节约方便原则选取水平，本例中 B 可为 B_2 或 B_1。于是用 $A_3B_2C_2$ 和 $A_3B_1C_2$ 各做一次验证实验，结果见表1-5。

表1-5 验证实验结果

实验号	实验条件	收率/%
1	$A_3B_2C_2$	74
2	$A_3B_1C_2$	75

最后确定最优合成条件：$A_3B_1C_2$。

1.7 有机化学实验文献及其查阅

1.7.1 文献检索的一般知识

文献是指各种记录知识的载体,是人类脑力劳动成果的一种表现形式,科技文献就是记录科学技术知识的信息载体。科技文献记载了许多有用的事实、数据、理论、方法和科学假设,积累了无数成功或失败的经验,它反映了特定社会和历史条件下科技的进展和水平,也预示着未来发展的趋势和方向。

文献按出版类型可分为期刊论文、会议论文、专利、文摘索引刊物、丛书、词典、专著、百科全书等。根据内容性质不同,科技文献又可分为一次文献、二次文献和三次文献。一次文献是指原始文献,包括大部分的期刊论文、研究报告、会议论文、专利和学位论文等;二次文献是指将大量无序的一次文献按一定规律进行加工、整理,简化得到的文摘、索引、目录等,即一般所谓的检索工具;三次文献是在二次文献基础上编写的数据手册、进展报告、大全、年鉴等,三次文献一般具有很强的系统性和综合性,知识面广,有些还兼具检索功能。

在开展有机化学实验研究之前,除了要准备实验所需要的各种药品、试剂外,还需要通过查阅资料来了解课题的研究背景,包括前人已经作过哪些研究,存在哪些问题,然后才能制定研究方案。这种查阅相关资料的过程就是文献检索。

检索是在浩如烟海的文献资料中查找自己研究课题所需要的、有参考价值的那些文献。如果不了解别人以前的研究工作和目前的研究现状,不能全面了解自己进行的课题,就有可能造成不必要的浪费。即使在研究过程中,也要及时查阅最新的文献,了解课题的研究进展。

1.7.2 期刊论文

期刊(又称杂志)是定期出版的连续出版物,一般按卷、期或者年、月的顺序编号出版。相对于其他类型文献,期刊具有报道及时、内容广泛新颖、能反映最新科研动向的特点。

化学期刊种类繁多,有些内容广泛,刊载的论文涉及化学的各个领域,有些只涉及某个领域的某一方面;期刊报道的内容形式也是多种多样,有研究论文、简报、快报、综述文章、新闻动态等;因此期刊又可以分为原始论文期刊、通讯性期刊、综述性期刊、新闻性期刊、文摘索引期刊等,以及这几种内容都有的综合性期刊。其中与有机化学相关性较强的重要期刊如表 1-6 所示。

表 1-6 与有机化学相关的重要期刊

刊 名	英文缩写	备 注
化学学报	Acta Chim. Sinica	中国化学会主办,综合类化学期刊,被 SCI 收录
高等学校化学学报	Chem. J. Chinese U.	教育部主办,吉林大学承办,综合类化学期刊,被 SCI 收录

续表

刊　名	英文缩写	备　注
有机化学	Chinese J. Org. Chem.	中国科学院上海有机化学研究所和中国化学会合办,专门报道有机化学领域的科研文章,被 SCI-E 收录
Chinese Journal of Chemistry（中国化学）	Chinese J. Chem.	中国科学院上海有机化学研究所和中国化学会合办的英文期刊,属综合类化学期刊。被 SCI 收录
The Journal of the American Chemical Society（美国化学会志）	J. Am. Chem. Soc.	全世界最权威的化学期刊之一,综合类化学期刊

随着信息技术和网络技术的发展,现在大多数出版社在发行纸版期刊的同时都实现了电子版期刊的发行。电子期刊是指以数字形式出版发行、以电子方式存储的机读型全文期刊,早期多以光盘发行,现在更多地采用 Web 方式访问的网络数据库。读者阅读某篇论文时,可以通过计算机显示或打印。有机化学实验中经常用到的全文数据库有以下几个。

三大中文期刊数据库：维普(VIP)科技期刊数据库、中国学术期刊电子杂志社开办的中国期刊全文数据库(CNKI)、万方期刊数据库。三大数据库基本包含了国内出版的中文期刊,其检索方法与检索界面类似。输入检索词,即可检索出相关论文,单击"全文下载",下载该论文的 PDF 格式全文。该格式论文可以通过 Adobe Reader 等免费软件查阅。

常用的外文全文数据库有：Elsevier 公司的 ScienceDirect 数据库、Springer 公司的 Springer Link 数据库、John Wiley & Sons 公司的 Wiley 数据库、美国化学会的 ACS 全文数据库、英国皇家化学会的 RSC 期刊全文数据库等。各个数据库一般都有良好的用户界面,可以通过刊名浏览某一期期刊上的全部文章,也可以通过关键词、引文信息等方法检索需要的期刊论文。

例如,现已知引文信息,即文献所在期刊名,以及期刊年、卷、期、页码等信息,单击"Citation",切换至引文检索界面,单击下拉菜单,选择期刊缩写,在输入框中输入卷号和起始页码,单击"go",即可显示论文的文摘信息,并下载 PDF 格式全文。

外文期刊种类繁多,不同期刊的数据库分布不一样,在遇到陌生杂志时,可以通过谷歌搜索来查询杂志的主页和所在数据库。

1.7.3　专利文献

专利文献包括：专利说明书、专利公报、专利检索工具、专利分类表以及与专利相关的法律文件等。有机化学实验中所提到的专利文献一般是指专利说明书,它是专利申请人向专利局递交的说明发明创造内容及指明专利要求的书面文件,既是技术性文献,又是法律文件。

专利说明书与一般科技论文的内容结构差别很大,各国专利说明书的结构大体相同,通常由标头部分、正文部分和权利要求部分组成。

专利说明书的标头部分一般著录有：专利发明书名称、本发明的专利号、国别标志、申请日期、申请号、国际专利分类号、专利题目、申请者等。如为相同专利,则要著录优先项:

优先申请日期、优先申请国别、优先申请号。

正文部分内容一般可以分为如下几部分：

(1) 前言(发明背景介绍或者专利权人介绍,指出现有技术的不足);

(2) 本专利要解决的问题及其优点;

(3) 专利内容的解释;

(4) 实例(包括设备、原料、配方、条件、结果等)。

权利要求部分一般是将发明的内容概括成若干条,其中第一条是综述,后面逐条具体介绍。此外有些说明书还附图及相关文献目录。

熟悉了专利的行文结构,在阅读专利说明书时就不用逐字逐句阅读了。比如,想要了解配方、操作步骤及条件,只需要阅读实例部分即可;想要了解专利的具体内容,只要阅读专利内容解释部分就行。

近年来,随着网络技术的发展,专利文献的载体也由单一的印刷介质,发展到印刷、光盘、网络等多种载体并存的局面,为人们利用专利信息提供了便利。

因特网上提供中文专利服务的网站有以下几个。

(1) 国家知识产权局网站(http://www.sipo.gov.en)：该网站由国家知识产权局(SIPO)主办,收录了1985年以来中国专利局公布的所有专利,内容更新快,数据权威,并且是目前国内唯一提供免费下载专利说明书全文的网站,要求每日下载数量控制在100页以内。

(2) 中国知识产权网(http://www.cnipr.com)：该网站由国家知识产权局知识产权出版社创建,其专利数据库收录了1985年《中华人民共和国专利法》实施以来公开的全部中国发明、实用新型和外观设计专利,是每周法定出版的《中国专利公报》的电子版数据。其检索途径分基本检索和高级检索两种。基本检索是免费的,设有专利号、公告号、专利名称、分类号、摘要、申请人、申请人地址、公开日等八个检索选项,基本检索只能检索出专利摘要和著录项目等基本信息,不能看到专利全文说明书及外观设计图形。高级检索需收费,与基本检索相比,增加了检索字段,检索方式更加快捷,在内容上增加了专利法律状态和专利主权项,同时还提供专利说明书在线下载。

(3) 中国专利信息网(http://www.patent.com.cn)：该网站必须注册才能使用,注册后免费会员可检索中国专利文摘数据库。中国专利信息网收集了自1985年以来所有的发明专利和实用新型专利。该检索系统为全文检索,所有的检索途径都在一个检索对话框内实现,检索词之间用空格分开即可,使用简单、方便、快捷。

(4) 中国期刊网中国专利数据库(http://www.cnki.net)：该网站免费提供自1985年以来中国专利题录和文摘,该检索系统具有CNKI统一的检索功能及特点,允许在第一次检索的基础上进行二次检索,可提高命中率。

2 有机化学实验技术

在有机化合物的合成、分离及纯化过程中涉及许多过程,如蒸馏、重结晶及萃取等,我们将在后面章节中详细介绍。这里我们介绍若干种重要的基本操作技术,这些操作是你将要经常用到的。

2.1 化学试剂的称量和计量

1. 试剂规格

化学试剂按其纯度分为不同的规格,国内生产的试剂分为四级(见表2-1),试剂规格越高,纯度也越高,价格就越贵。凡低规格试剂可以满足要求者,就不要用高规格试剂。在有机化学实验中大量使用的是三级品和四级品,有时还可以用工业品代替。在取用试剂时要核对标签以确认使用规格无误。

表 2-1 国产试剂的规格

试剂级别	中文名称	代号及英文名称	标签颜色	重 要 用 途
一级品	保证试剂或"优级纯"	G. R. (guaranteed reagent)	绿	用作基准物质,用于分析鉴定及精密科学研究
二级品	分析试剂或"分析纯"	A. R. (analytical reagent)	红	用于分析鉴定及一般科学研究
三级品	化学纯粹试剂或"化学纯"	C. P. (chemically pure)	蓝	用于要求较低的分析实验和要求较高的合成实验
四级品	实验试剂	L. R. (laboratory reagent)	棕、黄或其他	用于一般性合成实验和科学研究

2. 固体试剂的称取

固体试剂用天平称取,可根据所需称量的量及要求的准确程度选用。天平感量越小越精密,对操作的要求也越严格。普通有机实验中应用最多的是托盘天平(精度0.1g)。各种天平的使用方法不尽相同,应按照使用说明书调试使用。

称取固体试剂应该注意:

(1) 不可使天平"超载"。如需称量的量多则应分批称取。

(2) 不可使试剂直接接触天平的任何部位。一般固体试剂可放在表面皿或烧杯中称量；特别稳定且不吸潮的也可放在称量纸上称量；吸潮性或挥发性固体应放在干燥的锥形瓶(或圆底瓶)中塞住瓶口称量；金属钾、钠应放在盛有惰性溶剂的容器中称量。最后以差减法求得净重。

(3) 固体药品在开瓶后可用角匙移取。取用后将原瓶盖好，不可将试剂瓶敞口放置。

3. 液体试剂的量取

液体试剂一般用量筒或量杯量取，用量少时可用移液管量取，用量少且计量要求不严格时也可用滴管吸取。取用时要小心勿使洒出，观察刻度时应使眼睛与液面的弯月面底部平齐。试剂取用后应随手将原瓶盖好。黏度较大的液体可直接放在所需反应容器中用天平采取差减法称取，以免因量器的黏附而造成过大误差。吸潮性液体要尽快量取，发烟性或可放出毒气的液体应在通风橱内量取，腐蚀性液体应戴上乳胶手套量取。挥发性液体或溶有过量气体的液体(如氨水)在取用时应先将容器冷却降压，然后开封取用。

2.2 物质的加热

某些化学反应在室温下难以进行或进行得很慢。为了加快反应速度，要采用加热的方法。温度升高，反应速度加快，一般温度每升高10℃，反应速度增加1倍。

有机实验常用的热源是电热套、万用电炉或各种浴锅。直接用火焰加热玻璃器皿很少被采用，因为玻璃对于剧烈的温度变化和这种不均匀的加热是不稳定的。局部过热可能引起有机化合物的部分分解。此外，从安全的角度来看，因为有许多有机化合物能燃烧甚至爆炸，应该避免用火焰直接接触被加热的物质。下面介绍几种不同的安全加热方式，可根据反应要求和反应物的性质选用适当的间接加热方式。

1. 水浴

当所加热温度在100℃以下时，可将容器浸入水浴中，使用水浴加热。但是，必须强调指出，当涉及金属钾或钠的操作时，决不能在水浴上进行。使用水浴时，热浴液面应略高于容器中的液面，勿使容器底触及水浴锅底。控制温度稳定在所需要范围内。若长时间加热，水浴中的水会汽化蒸发，适当时要添加热水，或者在水面上加几片石蜡，石蜡受热熔化铺在水面上，可减少水的蒸发。

电热多孔恒温水浴，使用起来较为方便。

如果加热温度稍高于100℃，则可选用适当无机盐类的饱和溶液作为热浴液，它们的沸点列于表2-2中。

表2-2 某些无机盐作热浴液

盐 类	NaCl	$MgSO_4$	KNO_3	$CaCl_2$
饱和水溶液的沸点/℃	109	108	116	180

2. 油浴

若加热温度在100~250℃之间，可用油浴，也常用电热套加热。

油浴所能达到的最高温度取决于所用油的种类。

（1）甘油可以加热到 140~150℃，温度过高时则会分解。甘油吸水性强，放置过久的甘油，使用前应首先加热蒸去所吸的水分，之后再用于油浴。

（2）甘油和邻苯二甲酸二丁酯的混合液适用于加热到 140~180℃。

（3）植物油如菜油、蓖麻油和花生油等，可以加热到 220℃。若在植物油中加入 1% 的对苯二酚，可增加油在受热时的稳定性。

（4）液体石蜡可加热到 220℃，温度稍高虽不易分解，但易燃烧。

（5）固体石蜡也可加热到 220℃，其优点是室温下为固体，便于保存。

（6）硅油在 250℃ 时仍较稳定，透明度好，安全，是目前实验室中较为常用的油浴之一。

用油浴加热时，要在油浴中装置温度计（温度计感温头如水银球等，不应放到油浴锅底），以便随时观察和调节温度。加热完毕取出反应容器时，仍用铁夹夹住反应容器离开液面悬置片刻，待容器壁上附着的油滴完后，用纸或干布拭干。

油浴所用的油中不能溅入水，否则加热时会产生泡珠或爆溅。使用油浴时，要特别注意油蒸气污染环境和引起火灾。为此，可用一块中间有圆孔的石棉板覆盖油锅。

3. 空气浴

空气浴就是让热源把局部空气加热，空气再把热能传导给反应容器。

电热套加热就是简便的空气浴加热，能从室温加热到 400℃ 左右。安装电热套时，要使反应瓶外壁与电热套内壁保持 1 cm 左右的距离，以便利用热空气传热和防止局部过热等。

4. 砂浴

加热温度达 350℃ 以上时，往往使用砂浴。

将清洁而又干燥的细砂平铺在铁盘上，把盛有被加热物料的容器埋在砂中，加热铁盘。由于砂对热的传导能力较差且散热较快，所以容器底部与砂浴接触处的砂层要薄些，以便于受热。由于砂浴温度上升较慢且不易控制，因而使用不广。

5. 微波加热

传统的加热方法是由外来热量通过辐射、传导和对流来进行的，而微波对物质的加热是通过偶极分子旋转和离子传导两种机理来实现的，通过离子迁移和极性分子的旋转使分子运动，通过分子偶极以每秒 24.5 亿次的高速旋转产生热效应。由于此瞬间的变态是从物质内部进行的，故常称为内加热。内加热加热速度快，反应灵敏，受热体系均匀。国际上规定用作微波炉频率的是 915 MHz 和 2450 MHz。家用微波炉以采用 2450 MHz 频率为主。

在微波炉中进行的有机化学反应，一般有干、湿两种。有机干反应是用低微波吸收或不吸收的无机载体，如 Al_2O_3 或 SiO_2 等为反应介质的无溶剂反应体系的微波有机合成。由于无机载体不阻碍微波能量的传导，能使吸附在无机载体表面的有机反应物充分吸收微波能后被活化，从而大大提高反应效率。此外，这种干环境微波活化的有机反应，可在敞口容器中进行，从而使反应装置简单，操作方便，同时还具有反应速度快、产率高、产物易纯化等优点。有机湿反应一般是置反应物和溶剂于密闭的聚四氟乙烯瓶中，溶剂和反应物吸收微波能量后便升温，温度升高，则密闭体系中的压力也相应增加，压力的增加使反应混合物的沸点提高,即提高了化学反应温度,从而加快了化学反应的速度。

除了以上介绍的几种加热方法外,还可用熔盐浴、金属浴(合金浴)、电热法等更多的加热方法,以适于实验的需要。无论用何种方法加热,都要求加热均匀而稳定,尽量减少热损失。

2.3 物质的冷却

许多有机化学反应是放热反应,反应中会产生大量的热,使反应温度迅速升高,如果控制不当,可能引起副反应,还会使反应物蒸发,甚至会发生冲料和爆炸事故。要把温度控制在一定范围内,就要进行适当的冷却。有时为了降低溶质在溶剂中的溶解度或加速结晶析出,也要采用冷却的方法。

1. 冰水冷却

可用冷水在容器外壁流动,或把反应器浸在冷水中,交换走热量。

也可用水和碎冰的混合物作冷却剂,其冷却效果比单用冰块好,可冷却至 $0 \sim -5℃$。当有水存在并不妨碍反应的进行时,也可把碎冰直接投入反应器中,以更有效地保持低温。

2. 冰盐冷却

要在 $0℃$ 以下进行操作时,常用按不同比例混合的碎冰和无机盐作为冷却剂。可把盐研细,把冰砸碎(或用冰片花)成小块,使盐均匀包在冰块上。冰-食盐混合物(质量比 $3:1$),可冷至 $-5 \sim -18℃$,其他盐类的冰-盐混合物冷却温度见表 2-3。

表 2-3 冰-盐混合物的质量份数及温度

盐名称	盐的质量份数	冰的质量份数	温度/℃	盐名称	盐的质量份数	冰的质量份数	温度/℃
六水氯化钙	100	246	-9.0	硝酸铵	45	100	-16.8
	100	123	-21.5	硝酸钠	50	100	-17.8
	100	70	-55.0	溴化钠	66	100	-28.0
	100	81	-40.3				

3. 干冰或干冰与有机溶剂混合冷却

干冰(固体的二氧化碳)和乙醇、异丙醇、丙酮、乙醚或氯仿混合,可冷却到 $-50 \sim -78℃$,当干冰加入到上述溶剂时会猛烈起泡。因此操作时应戴护目镜和手套。

应将这种冷却剂放在杜瓦瓶(广口保温瓶)中或其他绝热效果好的容器中,以保持其冷却效果。

4. 液氮

液氮可冷至 $-196℃$,用有机溶剂可以调节所需的低温浴浆。一些可作低温恒温浴的化合物列于表 2-4 中。

表 2-4　可作低温恒温浴的化合物

化合物	冷浆浴温度/℃	化合物	冷浆浴温度/℃
乙酸乙酯	-83.6	乙酸甲酯	-98.0
丙二酸乙酯	-51.5	乙酸乙烯酯	-100.2
对异戊烷	-160.0	乙酸正丁酯	-77.0

液氮和干冰是两种方便而又廉价的冷冻剂,这种低温恒温冷浆浴的制法是:在一个清洁的杜瓦瓶中注入纯的液体化合物,其用量不超过容积的 3/4,在通风橱中缓慢地加入新取的液氮,并用一支结实的搅拌棒迅速搅拌,最后制得的冷浆稠度应类似于黏稠的麦芽糖。

5. 低温浴槽

低温浴槽是一个小冰箱,冰室口向上,蒸发面用筒状不锈钢槽代替,内装酒精。外设压缩机,循环氟利昂制冷。压缩机产生的热量可用水冷或风冷散去。可装外循环泵,使冷酒精与冷凝器连接循环。还可装温度计等指示器。反应瓶浸在酒精液体中。适于 -30~30℃ 范围的反应使用。

以上制冷方法可根据不同需求选用。注意温度低于 -38℃ 时,由于水银会凝固,因此不能用水银温度计。对于较低的温度,应采用添加少许颜料的有机溶剂(酒精、甲苯、正戊烷)温度计。

2.4　物质的干燥

干燥是常用的除去固体、液体或气体中少量水分或少量有机溶剂的方法。如在进行有机物波谱分析、定性或定量分析以及测物理常数时,往往要求预先干燥,否则测定结果便不准确。液体有机物在蒸馏前也需干燥,否则沸点前馏分较多,产物损失,甚至沸点也不准。此外,许多有机反应需要在无水条件下进行,因此,溶剂、原料和仪器等均要干燥。可见,在有机化学实验中,试剂和产品的干燥具有重要的意义。

2.4.1　基本原理

干燥方法可分为物理方法和化学方法两种。

1) 物理方法

物理方法有烘干、晾干、吸附、分馏、共沸蒸馏和冷冻等。近年来,还常用离子交换树脂和分子筛等方法进行干燥。

离子交换树脂是一种不溶于水、酸、碱和有机溶剂的高分子聚合物。分子筛是含水硅铝酸盐的晶体。

2) 化学方法

化学方法指采用干燥剂来除水。根据除水作用原理又可分为两种:

(1) 能与水可逆地结合,生成水合物,例如
$$CaCl_2 + nH_2O \Longleftrightarrow CaCl_2 \cdot nH_2O$$
(2) 与水发生不可逆的化学变化,生成新的化合物,例如
$$2Na + 2H_2O \longrightarrow 2NaOH + H_2\uparrow$$

使用干燥剂时要注意以下几点:

(1) 当干燥剂与水的反应为可逆反应时,反应达到平衡需要一定时间。因此,加入干燥剂后,一般最少要两小时或更长一点的时间才能达到较好的干燥效果。因反应可逆,不能将水完全除尽,故干燥剂的加入量要适当,一般为溶液体积的5%左右。当温度升高时,这种可逆反应的平衡向脱水方向移动,所以在蒸馏前,必须将干燥剂滤除,否则被除去的水将返回液体中。另外,若把盐倒(或留)在蒸馏瓶底,受热时会发生迸溅。

(2) 若干燥剂与水发生不可逆反应,则这类干燥剂在蒸馏前不必滤除。

(3) 干燥剂只适用于去除少量水分。若水的含量大,干燥效果不好。为此,萃取时应尽量将水层分净,这样干燥效果好,且产物损失少。

2.4.2 液体有机化合物的干燥

1. 干燥剂的选择

干燥液体时,一般将干燥剂直接投入其中,因此,在选用干燥剂时,要考虑以下几点:①干燥剂不可与被干燥的液体发生化学反应,也不能溶解于其中。例如,碱性干燥剂不能用于干燥酸性物质;氯化钙易与醇、胺及某些醛、酮形成配合物;氧化钙、氢氧化钠等强碱性干燥剂能催化某些醛、酮的缩合及氧化等反应,使酯类发生水解反应等;氢氧化钠(钾)可显著溶解于低级醇。②干燥剂的干燥容量。容量越大,吸水越好。③干燥剂的干燥速度和价格等。常用干燥剂的性能和应用范围见表2-5。

表 2-5 常用干燥剂的性能和应用范围

干燥剂	性质	适用化合物的范围
浓硫酸	强酸性	烃、卤烃
五氧化二磷	酸性	烃、卤烃、醚
氢氧化钠	强碱性	烃、醚、氨、胺
氢氧化钾	强碱性	烃、醚、氨、胺
金属钠	强碱性	烃、醚、叔胺
无水碳酸钠	碱性	醇、酮、酯、胺
氧化钙	碱性	低级醇、胺
无水氯化钙	中性	烃、烯、卤烃、酮、醚、硝基化合物
无水硫酸镁	中性	醇、酮、醛、酸、酯、卤素、腈、酰胺、硝基化合物
3 Å[①],4 Å,5 Å 分子筛	中性	各类有机溶剂

① 1 Å=1×10^{-10} m。

2. 干燥剂的吸水容量和干燥效能

干燥效能是指达到平衡时液体被干燥的程度。对于形成水合物的无机盐干燥剂,常用

吸水后结晶水的蒸气压来表示干燥剂效能。如硫酸钠形成 10 个结晶水，蒸气压为 260 Pa；氯化钙最多能形成 6 个水的水合物，其吸水容量为 0.97，在 25℃时水蒸气压力为 39 Pa。因此硫酸钠的吸水容量较大，但干燥效能弱；而氯化钙吸水容量较小，但干燥效能强。在干燥含水量较大而又不易干燥的化合物时，常先用吸水容量较大的干燥剂除去大部分水，再用干燥效能强的干燥剂进行干燥。

3. 干燥剂的用量

根据水在被干燥液体中的溶解度和干燥剂的吸水量，可算出干燥剂的最低用量。但是，干燥剂的实际用量一般大大超过计算量。一般干燥剂的用量为每 10 mL 液体需 0.5～1 g 干燥剂。但在实际操作中，主要是通过现场观察判断。

1）观察被干燥液体

干燥前，液体呈浑浊状，经干燥后变成澄清，这可简单地作为水分基本除去的标志。例如在环己烯中加入无水氯化钙进行干燥，未加干燥剂之前，由于环己烯中含有水，环己烯不溶于水，溶液处于浑浊状态。当加入干燥剂吸水之后，环己烯呈清澈透明状，这时即表明干燥合格。否则应补加适量干燥剂继续干燥。除了肉眼观察，也可用化学方法检验。可在被干燥的液体中加入无水氯化钴，若有水，则无水氯化钴从蓝色变为粉红色的水合物。还可用无水硫酸铜（无色）检验，遇水后变为蓝色。

2）观察干燥剂

在某些情况下，观察被干燥液体不能得出有效的结论。例如用无水氯化钙干燥乙醚时，乙醚中的水除净与否，溶液总是呈清澈透明状，这时要判断干燥剂用量是否合适，则应看干燥剂的状态。加入干燥剂后，因其吸水变黏，粘在器壁上，摇动不易旋转，表明干燥剂用量不够，应适量补加，直到新加的干燥剂不结块、不粘壁，干燥剂棱角分明，摇动时旋转并悬浮（尤其是 $MgSO_4$ 等小晶粒干燥剂），表示所加干燥剂用量合适。

由于干燥剂还能吸收一部分有机液体，影响产品收率，故干燥剂用量应适中。应加入少量干燥剂后静置一段时间，观察用量不足时再补加。

4. 干燥时的温度

对于生成水合物的干燥剂，加热虽可加快干燥速度，但远远不如水合物放出水的速度快，因此，干燥通常在室温下进行。

5. 操作步骤与要点

(1) 把被干燥液中水分尽可能除净，不应有任何可见的水层或悬浮水珠。

(2) 把待干燥的液体放入锥形瓶中，取颗粒大小合适（如无水氯化钙应为黄豆粒大小并不夹带粉末）的干燥剂，放入液体中，用塞子盖住瓶口，轻轻振摇，经常观察，判断干燥剂是否足量，静置（30 min，最好过夜）。

(3) 把干燥好的液体滤入蒸馏瓶中，然后进行蒸馏。

2.4.3 固体有机化合物的干燥

1. 晾干

晾干,即在空气中自然干燥。该法最为简便,适合干燥在空气中稳定又不吸潮的固体物质。干燥时应把被干燥物放在干燥洁净的表面皿或滤纸上,摊成薄层,上覆滤纸。约需数日,在实验时间允许时,可采用这种方便的干燥方法。

2. 烘干

烘干可加快干燥速度,对熔点高且遇热不分解的固体,可用普通烘箱或红外干燥箱烘干。必须控制好加热温度,以防样品变黄、熔化甚至分解、炭化。烘干过程中应经常用玻璃棒翻动,以防结块。

3. 干燥器干燥

对易分解或易升华的固体不能采用加热的方式干燥,可置于干燥器内干燥。为了防止吸潮,应将已经干燥好的物质保存在干燥器内。

干燥器内放何种干燥剂,需要根据被干燥物质和被除去溶剂的性质来确定。干燥器内常用干燥剂的应用范围见表2-6。

表2-6 干燥器内常用干燥剂的应用范围

干燥剂	除去的溶剂或其他杂质	干燥剂	除去的溶剂或其他杂质
CaO	水、乙酸、氯化氢	P_2O_5	水、醇
$CaCl_2$	水、乙醇	石蜡片	醇、醚、石油醚、苯
NaOH	水、乙酸、氯化氢	变色硅胶	氯仿、四氯化碳
浓 H_2SO_4	醇、水		

2.4.4 气体的干燥

有机实验中常用的气体有 N_2、O_2、H_2、Cl_2、NH_3、CO_2,有时要求气体中含很少或几乎不含 CO_2、H_2O 等,因此,就需要对上述气体进行干燥。

干燥气体常用的仪器有:干燥管、U形管、干燥塔(装固体干燥剂)、洗气瓶(装液体干燥剂)及冷阱(干燥低沸点气体)等。应根据气体的性质、数量、潮湿程度和干燥要求等来选择相应的干燥剂和仪器。干燥气体常用的干燥剂见表2-7。

用氯化钙、生石灰和碱石灰作干燥剂时,应选用较大的颗粒,以防其结块而堵塞气路。采用五氧化二磷等时,需要混入支撑物料,如玻璃纤维或浮石等。液体干燥剂的用量要适当,太多会因压力大而导致气体不易通过,太少则将影响干燥效果。如果对气体的干燥要求较高,可同时连接多个干燥器,各干燥器中放置相同或不同的干燥剂。另外,在气源和干燥装置之间或干燥装置和反应器之间必须放置安全瓶。

表 2-7　干燥气体常用的干燥剂

干　燥　剂	可干燥气体
CaO、碱石灰、NaOH、KOH	NH_3 类
无水 $CaCl_2$	H_2、HCl、CO_2、CO、SO_2、N_2、O_2、低级烷烃、醚、烯烃、卤代烃
P_2O_5	H_2、N_2、O_2、CO_2、SO_2、烷烃、乙烯
浓 H_2SO_4	H_2、N_2、HCl、CO_2、Cl_2、烷烃
$CaBr_2$、$ZnBr_2$	HBr

2.5　固体化合物的分离和提纯

用适当的溶剂进行重结晶是纯化固体化合物最常用的方法之一。

固体有机物在溶剂中的溶解度与温度有密切关系。一般温度升高,溶解度增大。若把待纯化的固体有机物溶解在热的溶剂中达到饱和,冷却时,由于溶解度降低,溶液变成过饱和而析出晶体。重结晶就是利用溶剂对被提纯物质及杂质的溶解度不同,让杂质全部或大部分留在溶液中(或被过滤除去)从而达到分离纯化的目的。

1. 溶剂的选择

在进行重结晶时,选择理想的溶剂是关键,理想的溶剂必须具备下列条件:

(1) 不与被提纯物质起化学反应。

(2) 温度高时,被提纯物质在溶剂中溶解度大,在室温或更低温下溶解度很小。

(3) 杂质在溶剂中的溶解度非常大或非常小(前一种情况是使杂质留在母液中不随被提纯晶体一同析出,后一种情况是使杂质在趁热过滤时除去)。

(4) 溶剂沸点较低,易挥发,易与结晶分离除去。

此外还要考虑能否得到较好的结晶,溶剂的毒性、易燃性和价格等因素。

在重结晶时需要知道用哪一种溶剂最合适和物质在该溶剂中的溶解度情况。若为早已研究过的化合物,可查阅手册或辞典,从溶解度一栏中找到适当溶剂的资料;若从未研究过,则须用少量样品进行反复实验。在进行实验时必须应用"相似相溶"原理,即物质往往易溶于结构和极性相似的溶剂中。

若不能选到单一的合适的溶剂,常可应用混合溶剂。混合溶剂一般由两种能互溶的溶剂组成,其中一种对被提纯的化合物溶解度较大,而另一种溶解度较小,常用的混合溶剂有乙醇-水、乙酸-水、苯-石油醚、乙醚-甲醇等。表 2-8 列出了一些常用的重结晶溶剂。

表 2-8　常用的重结晶溶剂

溶　剂	沸点/℃	溶　剂	沸点/℃	溶　剂	沸点/℃
水	100	乙醚	34.51	四氯化碳	76.54
甲醇	64.96	石油醚	30～60	丙酮	56.2
95%乙醇	78.1	乙酸乙酯	77.06	氯仿	61.7
冰乙酸	117.9	苯	80.1		

2. 固体的溶解

要使重结晶得到的产品纯且回收率高,溶剂的用量是关键。溶剂用量太大,会使待提纯物过多地留在母液中,造成损失;用量太少,在随后的趁热过滤中又易析出晶体而损失掉,并且会给操作带来麻烦。因此一般比理论需要量(刚好形成饱和溶液的量)多加 10%～20%的溶剂。

3. 脱色

不纯的有机物常含有有色杂质,若遇到这种情况,常可向溶液中加入少量活性炭来吸附这些杂质,加入活性炭的方法是:待沸腾的溶液稍冷后加入,活性炭用量视杂质多少而定,一般为干燥的粗品质量的 1%～5%。然后煮沸 5～10 min,并不时搅拌以防暴沸。

4. 热过滤

为了除去不溶性杂质和活性炭需要趁热过滤。由于在过滤的过程中溶液的温度下降,往往导致结晶析出,因此常使用保温漏斗(热水漏斗)过滤。保温漏斗一般为铜质夹层漏斗,夹层内注热水,有一短柄可进行加热,如图 2-1 所示。保温漏斗内放一个玻璃漏斗,玻璃漏斗内放折叠式滤纸。保温漏斗要用铁夹固定好,注入热水,并预先烧热。若是易燃的有机溶剂,应熄灭火焰后再进行热滤;若溶剂是不可燃的,则可煮沸后一边加热一边热滤。

为了提高过滤速度,滤纸最好折成扇形(又称折叠滤纸或菊花形滤纸)。具体折法如图 2-2 所示。

图 2-1 保温漏斗

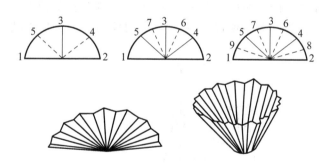

图 2-2 扇形滤纸的折叠法

将圆形滤纸对折成半圆形,再对折成 90°的扇形,继续向内对折把半圆分成 8 等分,最后在 8 个等分的各小格子中间向反方向对折,即得 16 等分的折扇形排列。将其打开,再在 1 和 2 两处向内对折一次,展开即得伞形滤纸,即可放在漏斗中使用。滤纸的圆心部位不宜重压,因为在过滤时,它承受的压力最大,以免破损泄漏。热过滤时,逐渐将热的待滤溶液沿着玻璃棒分批加入漏斗中,不宜一次加入太多。

由于上述热过滤操作是在常压下进行的,因而热过滤速度较慢,容易发生析出晶体等问题,妨碍过滤操作的进程。也可将布氏漏斗用热水浴或在烘箱中进行预热后,按减压过滤的操作方法,将热溶液进行热过滤。这样可以迅速地进行热过滤,从而减少晶体析出等问题。

5. 结晶

让热滤液在室温下慢慢冷却,结晶随之形成。如果冷却时无结晶析出,可加入一小颗晶种(原来固体的结晶)或用玻璃棒在液面附近的玻璃壁上稍用力摩擦引发结晶。

所形成晶体太细或过大都不利于纯化。太细则表面积大,易吸附杂质;过大则在晶体中央夹杂溶液且干燥困难。让热滤液快速冷却或振摇会使晶体很细,使热滤液极缓慢地冷却则产生的晶体较大。

6. 抽气过滤(减压过滤)

减压过滤是指在与过滤漏斗密闭连接的接收器中造成真空,过滤表面的两面发生压力差,使过滤能加速进行的一种方法。其过滤装置如图 2-3 所示,由布氏漏斗、吸滤瓶和安全瓶组成。减压装置一般采用循环水真空泵,如对抽滤后固体干燥程度要求不高也可采用球形水流抽气管。

根据需要选用大小合适的布氏漏斗,在装配时注意使布氏漏斗的最下端斜口的尖端离抽滤瓶的支管部位最远(因为位置不当,易使滤液被吸入支管而进入抽气系统)。布氏漏斗内的滤纸应剪成比布氏漏斗的内径略小一些,但能完全覆盖住所有滤孔。先用与待滤液相同的溶剂湿润滤纸,然后打开水泵,并慢慢关闭安全瓶上的活塞使吸滤瓶中产生部分真空,使滤纸紧贴漏斗。将待滤液及晶体均匀地倒入漏斗中,液体穿过滤纸,晶体收集在滤纸上。然后在布氏漏斗上加入少量洗涤溶剂(至少能覆盖住滤饼),放置,使溶剂慢慢渗入滤饼,并从漏斗下端开始流出时,开动水泵抽气,直至抽干,再用玻璃瓶塞压紧滤饼。关闭水泵前,先将安全瓶上的活塞打开或拆开抽滤瓶与水泵连接的橡皮管,以免水倒吸流入安全瓶或抽滤瓶中。

过滤少量的结晶(1~2 g),可用玻璃钉过滤装置,如图 2-4 所示。

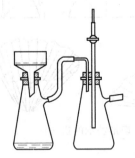
图 2-3 带安全瓶的减压过滤装置

图 2-4 玻璃钉过滤装置

2.6 萃取和洗涤

萃取是物质从一相向另一相转移的操作过程。它是有机化学实验中用来分离或纯化有机化合物的基本操作之一。萃取可以用于从固体或液体混合物中提取所需要的物质,也可以用来洗去混合物中少量杂质。通常称前者为"萃取"(或"抽提"),称后者为"洗涤"。

根据被提取物质状态的不同,萃取分为两种:一种是用溶剂从液体混合物中提取物质,称为液-液萃取;另一种是用溶剂从固体混合物中提取所需物质,称为液-固萃取。

2.6.1 基本原理

1. 液-液萃取

液-液萃取是利用物质在两种互不相溶(或微溶)的溶剂中溶解度或分配系数的不同,使物质从一种溶剂中转移到另一种溶剂中的过程。分配定律是液-液萃取的主要理论依据。在两种互不相溶的混合溶剂中加入某种可溶性物质时,它能以不同的溶解度分别溶解于这两种溶剂中。实验证明,在一定温度下,若该物质的分子在这两种溶剂中不发生分解、电离、缔合和溶剂化等作用,则此物质在两液相中浓度之比是一个常数,不论所加物质的量是多少都是如此。用公式表示即

$$\frac{C_A}{C_B} = K$$

式中,C_A、C_B 表示一种物质在 A、B 两种互不相溶的溶剂中的物质的量浓度;K 是一个常数,称为"分配系数",它可以近似地看作物质在两溶剂中溶解度之比。

由于有机化合物在有机溶剂中一般比在水中溶解度大,因而可以用与水不互溶的有机溶剂将有机物从水溶液中萃取出来。为了节省溶剂并提高萃取效率,根据分配定律,用一定量的溶剂一次加入溶液中萃取,不如将同量的溶剂分成几份做多次萃取效率高。可用下式来说明。

$$W_n = W\left(\frac{KV}{KV+S}\right)^n$$

式中,V 为被萃取溶液的体积(mL);W 为被萃取溶液中有机物(X)的总量(g);W_n 为萃取 n 次后有机物(X)的剩余量(g);S 为萃取溶剂的体积(mL)。

当用一定量的溶剂萃取时,希望在水中的剩余量越少越好。而 $KV/(KV+S)$ 总是小于1,所以 n 越大,W_n 就越小。即将溶剂分成数份做多次萃取比用全部量的溶剂做一次萃取的效果好。但是,萃取的次数也不是越多越好,因为溶剂总量不变时,萃取次数 n 增加,S 就要减小。当 $n>5$ 时,n 和 S 两个因素的影响就几乎相互抵消了,n 再增加,W_n/W_{n+1} 的变化很小,所以一般同体积溶剂分为 3~5 次萃取即可。

一般从水溶液中萃取有机物时,选择合适萃取溶剂的原则是:溶剂在水中溶解度很小或几乎不溶;被萃取物在溶剂中要比在水中溶解度大;溶剂与水和被萃取物都不反应;萃取后溶剂易于和溶质分离,因此最好用低沸点溶剂,萃取后溶剂可用常压蒸馏回收。此外,价格便宜、操作方便、毒性小、不易着火也应考虑。

经常使用的溶剂有:乙醚、苯、四氯化碳、氯仿、石油醚、二氯甲烷、二氯乙烷、正丁醇、醋酸酯等。一般水溶性较小的物质可用石油醚萃取,水溶性较大的可用苯或乙醚,水溶性极大的用乙酸乙酯。

常用的萃取操作包括:
(1) 用有机溶剂从水溶液中萃取有机反应物;
(2) 通过水萃取,从反应混合物中除去酸碱催化剂或无机盐类;
(3) 用稀碱或无机酸溶液萃取有机溶剂中的酸或碱,使之与其他的有机物分离。

2. 液-固萃取

从固体混合物中萃取所需要的物质是利用固体物质在溶剂中的溶解度不同来达到分离、提取的目的。通常是用长期浸出法或采用Soxhlet提取器(索氏提取器,图2-5)来提取物质。前者是用溶剂长期的浸润溶解而将固体物质中所需物质浸出来,然后用过滤或倾析的方法把萃取液和残留的固体分开。这种方法效率不高,时间长,溶剂用量大,实验室不常采用。

Soxhlet提取器是利用溶剂加热回流及虹吸原理,使固体物质每一次都能被纯的溶剂所萃取,因而效率较高并节约溶剂,但对受热易分解或变色的物质不宜采用。Soxhlet提取器由三部分构成,上面是冷凝管,中部是带有虹吸管的提取管,下面是烧瓶。萃取前应先将固体物质研细,以增加液体浸溶的面积。然后将固体物质放入滤纸套内,并将其置于中部,内装物不得超过虹吸管,溶剂由上部经中部虹吸加入到烧瓶中。当溶剂沸腾时,蒸气通过通气侧管上升,被冷凝管凝成液体,滴入提取管中。当液面超过虹吸管的最高处时,产生虹吸,萃取液自动流入烧瓶中,因而萃取出溶于溶剂的部分物质。再蒸发溶剂,如此循环多次,直到被萃取物质大部分被萃取出为止。固体中可溶物质富集于烧瓶中,然后用适当方法将萃取物质从溶液中分离出来。

图 2-5 Soxhlet 提取器

固体物质还可用热溶剂萃取,特别是有的物质冷时难溶,热时易溶,则必须用热溶剂萃取。一般采用回流装置进行热提取,固体混合物在一段时间内被沸腾的溶剂浸润溶解,从而将所需的有机物提取出来。为了防止有机溶剂的蒸气逸出,常用回流冷凝装置使蒸气不断地在冷凝管内冷凝,返回烧瓶中。回流的速度应控制在溶剂蒸气上升的高度不超过冷凝管的 1/3 为宜。

3. 洗涤

洗涤的原理是利用萃取剂能与被萃取物质发生化学反应,从而达到从有机化合物中除去少量杂质或分离混合物的目的。操作方法与液-液萃取相同。常用的这类萃取剂有:5%、10%或饱和的碳酸钠、碳酸氢钠溶液;稀盐酸、稀硫酸和浓硫酸等。碱性的萃取剂可以从有机相中移出有机酸,或从溶于有机溶剂的有机化合物中除去酸性杂质(使酸性杂质形成钠盐溶于水中)。稀盐酸及稀硫酸可从混合物中萃取出有机碱性物质或用于除去碱性杂质。浓硫酸可用于从饱和烃中除去不饱和烃,从卤代烃中除去醇及醚等。

2.6.2 萃取操作

萃取常用的仪器是分液漏斗。使用前应先检查下口活塞和上口塞子是否有漏液现象。在活塞处涂少量凡士林,塞好后再把塞子旋转几圈,使凡士林均匀分布,看上去透明即可,之后用橡皮筋将活塞套住,防止其滑落打碎。在分液漏斗中加入一定量的水,将上口塞子塞好,上下摇动分液漏斗,检查是否漏水。确定不漏后再使用。

将待萃取的原溶液倒入分液漏斗中,再加入萃取剂(如果是洗涤应先将水溶液分离后,再加入洗涤溶液),如图2-6所示,将塞子塞紧,用右手的拇指和中指拿住分液漏斗,食指压住上口塞子，左手的食指和中指夹住下口管，同时，食指和拇指控制活塞。然后将漏斗平放，前后摇动或作圆周运动，使液体振动起来，两相充分接触。在振动过程中应注意不断放气，以免萃取或洗涤时，内部压力过大，造成漏斗的塞子被顶开，使液体喷出，严重时会引起漏斗爆炸，造成伤人事故。放气时，将漏斗的下口向上倾斜，使液体集中在下面，用控制活塞的拇指和食指打开活塞放气，注意不要对着人，一般摇动两三次就放一次气。经几次摇动放气后，将漏斗放在铁架台的铁圈上，将塞子上的小槽对准漏斗上的通气孔，静止 2~5 min。待液体分层后将萃取相（即有机相）倒出，放入一个干燥好的锥形瓶中，萃余相（水相）再加入新萃取剂继续萃取。重复以上操作过程，萃取后，合并萃取相，加入干燥剂进行干燥。干燥后，先将低沸点的物质和萃取剂用简单蒸馏的方法蒸出，然后视产品的性质选择合适的纯化手段。

图 2-6 手握分液漏斗的姿势

当被萃取的原溶液量很少时，可采取微量萃取技术进行萃取。取一支离心分液管放入原溶液和萃取剂，盖好盖子，用手摇动分液管或用滴管向液体中鼓气，使液体充分接触，并注意随时放气。静止分层后，用滴管将萃取相吸出，在萃余相中加入新的萃取剂继续萃取。以后的操作如前所述。

在萃取时，可利用"盐析效应"，即在水溶液中先加入一定量的电解质（如氯化钠），以降低有机物在水中的溶解度，提高萃取效果。

在萃取操作中应注意以下几个问题：

（1）分液漏斗中的液体不宜太多，以免摇动时影响液体接触而使萃取效果下降。

（2）液体分层后，上层液体由上口倒出，下层液体由下口经活塞放出，以免污染产品。

（3）在溶液呈碱性时，常产生乳化现象。有时由于存在少量轻质沉淀、两液相密度接近、两液相部分互溶等都会引起分层不明显或不分层。此时，静止时间应长一些，或加入一些食盐，增加水相的相对密度，使絮状物溶于水中，迫使有机物溶于萃取剂中，或加入几滴酸、碱、醇等，以破坏乳化现象。如上述方法不能将絮状物破坏，在分液时，应将絮状物与萃余相（水层）一起放出。

（4）液体分层后应正确判断萃取相（有机相）和萃余相（水相），一般根据两相的密度来确定，密度大的在下面，密度小的在上面。如果一时判断不清，应将两相分别保存起来，待弄清后，再弃掉不要的液体。为了弄清哪一层是水溶液，可任取其中一层的少量液体，并向其中滴加少量自来水，若分为两层，说明该液体为有机相。若加水后不分层，则是水溶液。

2.7 升 华

升华是指具有较高蒸气压的固体有机物受热直接气化为蒸气的过程。升华是固体有机物的一种提纯操作方法，升华的产品具有较高的纯度，但操作时间长，损失较大，因此在实验室里一般用于较少量(1~2 g)化合物的提纯。

一种固体物质在熔点温度以下具有足够大的蒸气压,则可用升华方法来提纯。显然,欲纯化物中杂质的蒸气压必须很低,分离的效果才好。但在常压下具有适宜升华蒸气压的有机物不多,常常需要减压以增加固体的气化速率,即采用减压升华。这与对高沸点液体进行减压蒸馏是同一道理。

把待精制的物质经干燥粉碎后放入蒸发皿中,用一张穿有若干小孔的圆滤纸把锥形漏斗的口包起来,把此漏斗倒盖在蒸发皿上,漏斗颈部塞一团疏松的棉花,加热蒸发皿,逐渐地升高温度,使待精制的物质气化,蒸气通过滤纸孔,遇到漏斗的内壁,冷凝为晶体,附在漏斗的内壁和滤纸上。在滤纸上穿小孔可防止升华后形成的晶体落回到下面的蒸发皿。

较大量物质的升华,可在烧杯中进行。烧杯上放置一个通冷水的烧瓶,使蒸气在烧瓶底部凝结成晶体并附在瓶底上。

图 2-7 为常用的升华装置。

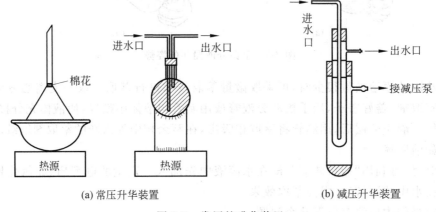

图 2-7　常用的升华装置

2.8　有机化合物的色谱分析

色谱法(chromatography)又称色谱分析,是一种分离、提纯和鉴定有机化合物的重要方法,在分析化学、有机化学、生物化学等领域有着非常广泛的应用。

色谱法按不同的条件有多种分类方法:按流动相的不同分为气相色谱和液相色谱;按固定相的形式不同分为柱色谱、纸色谱、薄层色谱;按分离过程中物理化学原理的不同分为吸附色谱、分配色谱、离子交换色谱、凝胶色谱等。本节主要介绍气相色谱和高效液相色谱。

2.8.1　气相色谱

1. 简介

气相色谱(gas chromatography,GC)是 20 世纪 50 年代出现的一项重大科学技术成就。这是一种新的分离、分析技术。只要在气相色谱仪允许的条件下可以汽化而不分解的物质,都可以用气相色谱法测定。对部分热不稳定物质,或难以汽化的物质,通过化学衍生化的方法,仍可用气相色谱法分析。

(1) 在环境卫生检验中的应用:空气、水中污染物如挥发性有机物、多环芳烃、苯、甲苯、苯并芘等;农作物中残留有机氯、有机磷农药等;食品添加剂苯甲酸等;体液和组织等生物材料的分析如氨基酸、脂肪酸、维生素等。

(2) 在医学检验中的应用:体液和组织等生物材料的分析,如脂肪酸、甘油三酯、维生素、糖类等。

(3) 在药物分析中的应用:抗癫痫药、中成药中挥发性成分、生物碱类药品的测定等。

气相色谱法由于所用的固定相不同,可以分为两种,用固体吸附剂作固定相的叫气-固色谱,用涂有固定液的单体作固定相的叫气-液色谱。

按色谱分离原理来分,气相色谱法也可分为吸附色谱和分配色谱两类,在气-固色谱中,固定相为吸附剂,气-固色谱属于吸附色谱,气-液色谱属于分配色谱。

按色谱操作形式来分,气相色谱属于柱色谱,在实际工作中,气相色谱法是以气-液色谱为主。

2. 基本原理

GC 主要是利用物质的沸点、极性及吸附性质的差异来实现混合物的分离。待分析样品在汽化室汽化后被惰性气体(即载气,也叫流动相)带入色谱柱,柱内含有液体或固体固定相,由于样品中各组分的沸点、极性或吸附性能不同,每种组分都倾向于在流动相和固定相之间形成分配或吸附平衡。但由于载气是流动的,这种平衡实际上很难建立起来。也正是由于载气的流动,使样品组分在运动中进行反复多次的分配或吸附/解吸附,结果是在载气中浓度大的组分先流出色谱柱,而在固定相中分配浓度大的组分后流出。当组分流出色谱柱后,立即进入检测器。检测器能够按顺序将检测到的各种组分转变为电信号,而电信号的大小与被测组分的量或浓度成正比。当将这些信号放大并记录下来时,就是气相色谱图了(即色谱流出曲线),如图 2-8 所示。

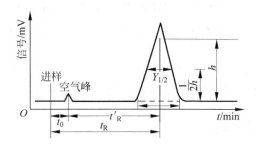

图 2-8 色谱流出曲线

从进样到出峰的时间为组分的保留时间 t_R,即样品中组分流出色谱柱所需的时间,当固定相和色谱条件一定时,任何一种物质都有一定的保留时间。在同一色谱条件下,比较已知物和未知物的保留时间,就可以定出某一色谱峰是什么化合物了,因此保留时间可用于定性分析;而峰面积 A(或峰高 h × 半峰宽 $Y_{1/2}$)与组分浓度有直接关系,可以作为定量分析的依据。

3. 气相色谱仪

气相色谱仪的主要部件及流程图如图2-9所示。

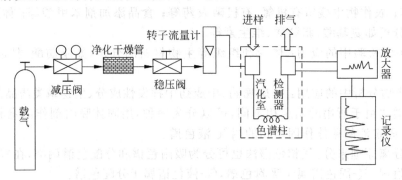

图2-9 气相色谱仪工作流程图

载气由高压钢瓶中流出,经减压阀降压到所需压力后,通过净化干燥管使载气净化,再经稳压阀和转子流量计后,以稳定的压力、恒定的速度流经汽化室与汽化的样品混合,将样品气体带入色谱柱中进行分离。分离后的各组分随着载气先后流入检测器,然后载气放空。检测器将物质的浓度或质量的变化转变为一定的电信号,经放大后在记录仪上记录下来,就得到色谱流出曲线。

气相色谱仪由以下五大系统组成:气路系统、进样系统、分离系统、温控系统、检测记录系统。组分能否分开,关键在于色谱柱;分离后组分能否鉴定出来则在于检测器,所以分离系统和检测系统是仪器的核心。

根据所使用的色谱柱粗细不同,可分为一般填充柱和毛细管柱两类。一般填充柱是将固定相装在一根玻璃或金属的管中,管内径为2～6 mm。毛细管柱则又可分为空心毛细管柱和填充毛细管柱两种。空心毛细管柱是将固定液直接涂在内径只有0.1～0.5 mm的玻璃或金属毛细管的内壁上;填充毛细管柱是近几年才发展起来的,它是将某些多孔性固体颗粒装入厚壁玻璃管中,然后加热拉制成毛细管,一般内径为0.25～0.5 mm。相比一般填充柱而言,毛细管柱的分离效率更高。

目前有很多种检测器,其中常用的检测器是:氢火焰离子化检测器(FID)、热导检测器(TCD)、氮磷检测器(NPD)、火焰光度检测器(FPD)、电子捕获检测器(ECD)等。

2.8.2 高效液相色谱

1. 简介

高效液相色谱法(high performance liquid chromatography,HPLC)又称为"高压液相色谱法"。高效液相色谱是色谱法的一个重要分支,以液体为流动相,采用高压输液系统,将具有不同极性的单一溶剂或不同比例的混合溶剂、缓冲液等流动相泵入装有固定相的色谱柱,在柱内各成分被分离后,进入检测器进行检测,从而实现对试样的分析。该方法已成为化学、医学、工业、农学、商检和法检等学科领域中重要的分离、分析技术。

高效液相色谱法有"四高一广"的特点:

(1) 高压：流动相为液体，流经色谱柱时，受到的阻力较大，为了能迅速通过色谱柱，必须对载液加高压。

(2) 高速：分析速度快、载液流速快，较经典液体色谱法速度快得多，通常分析一个样品需 15～30 min，有些样品甚至在 5 min 内即可完成，一般小于 1 h。

(3) 高效：分离效能高。可选择固定相和流动相以达到最佳分离效果，比工业精馏塔和气相色谱的分离效能高出许多倍。

(4) 高灵敏度：紫外检测器可达 0.01 ng，进样量在 μL 数量级。

(5) 应用范围广：70%以上的有机化合物可用高效液相色谱分析，特别是在高沸点、大分子、强极性、热稳定性差化合物的分离分析上显示出优势。

此外，高效液相色谱还有色谱柱可反复使用、样品不被破坏、易回收等优点，但也有缺点，与气相色谱相比各有所长，相互补充。高效液相色谱的缺点是有"柱外效应"。在从进样到检测器之间，除了柱子以外的任何死空间（进样器、柱接头、连接管和检测池等）中，如果流动相的流型有变化，被分离物质的任何扩散和滞留都会显著地导致色谱峰的加宽，柱效率降低。高效液相色谱检测器的灵敏度不及气相色谱。

2. 基本原理

高效液相色谱可分为液-固吸附色谱、液-液分配色谱、离子交换色谱和凝胶渗透色谱，应用最广泛的是液-液分配色谱。因此，下面主要介绍液-液分配色谱的基本原理。

同其他色谱过程一样，HPLC 也是溶质在固定相和流动相之间进行的一种连续多次交换过程。它借助溶质在两相间分配系数、亲和力、吸附力或分子大小不同而引起的排阻作用的差别使不同溶质得以分离。

进样时样品加在柱头上，假设样品中含有 3 个组分，即 A、B 和 C，随流动相一起进入色谱柱，开始在固定相和流动相之间进行分配。分配系数小的组分 A 不易被固定相阻留，较早地流出色谱柱。分配系数大的组分 C 在固定相上滞留时间长，较晚流出色谱柱。组分 B 的分配系数介于 A、C 之间，第二个流出色谱柱。若一个含有多个组分的混合物进入系统，则混合物中各组分按其在两相间分配系数的不同先后流出色谱柱，达到分离的目的。

不同组分在色谱过程中的分离情况，首先取决于各组分在两相间的分配系数、吸附能力、亲和力等是否有差异，这是热力学平衡问题，也是分离的首要条件。其次，当不同组分在色谱柱中运动时，谱带随柱长展宽，分离情况与两相之间的扩散系数、固定相粒度的大小、柱的填充情况以及流动相的流速等有关。所以分离最终效果则是热力学与动力学两方面的综合效益。

HPLC 法的色谱图及定性、定量依据与 GC 法大致相同，这里就不赘述了。

3. 高效液相色谱仪

高效液相色谱仪可分为高压输液泵、进样器、色谱柱、检测器以及数据获取与处理系统等部分。

高效液相色谱仪工作时由泵将储液瓶中的流动相吸入色谱系统，然后输出，经流量与压力测量之后，导入进样器。被测物由进样器注入，并随流动相通过色谱柱，在柱上进行分离后进入检测器，检测信号由数据处理设备采集与处理，并记录色谱图，废液流入废液瓶。工

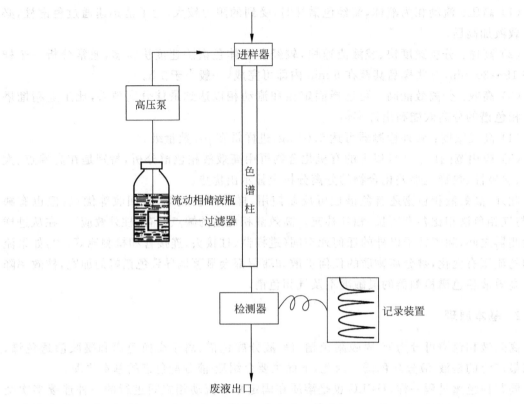

图 2-10　高效液相色谱仪工作流程图

作流程见图 2-10。遇到复杂的混合物分离(极性范围比较宽)还可用梯度控制器作梯度洗脱。

　　色谱分析法在今后的分析化学及仪器分析课程中均有更为详细的讲解,这里只是让大家对其进行初步的了解。在有机化学实验的延伸与扩展中除了用到色谱分析法外,还有一种分析检测技术也会被广泛用到——有机化合物的波谱分析,这种分析检测方法将作为一门专业学科课程安排在今后的教学计划中,如果大家现在感兴趣,可以阅读相关方面的书籍。

有机化学基础实验

3.1 有机化合物物理常数的测定

3.1.1 固体有机物熔点的测定及温度计的校正

一、实验目的

(1) 了解熔点测定的意义。
(2) 掌握毛细管法测定固体熔点的操作方法。
(3) 熟悉温度计校正的意义和方法。

二、实验原理

通常结晶物质加热到一定温度时,即从固态转变为液态,此时的温度可以视为该物质的熔点。然而熔点的严格定义为:固液两态在一定压力下达到平衡时的温度。对于一种物质,一般都有固定的熔点,即在一定压力下,固液两态之间的变化非常敏锐,自初熔至全熔的温度范围称作熔程或熔点范围,熔程很窄,一般不超过 0.5～1℃。如果被测物质含有杂质,其熔点往往较纯物质为低,且熔程较长。因此,可根据熔点变化和熔程长短来定性地检验该物质的纯度。如果测定某种未知物与已知物的熔点相同,再按不同比例混合,测其熔点,无降低现象,说明两者为同一化合物。若熔点下降(少数情况会升高),熔程显著增大,说明二者不是同一物质。

熔点测定原理可以用简单的相图加以说明,图 3-1(a)表示固体的蒸气压随温度升高而增大的曲线,图 3-1(b)表示该物质液态时的蒸气压-温度曲线。将这两条曲线综合,即得到图 3-1(c)中的曲线。由于固相的蒸气压随温度变化的速率较相应的液相大,最后两曲线相交,在交叉点 M 处(只能在此温度时)固液两相可同时并存,此时的温度 T_M 即为该物质的熔点。当温度高于 T_M 时,固相的蒸气压已较液相的蒸气压大,因而可使所有的固相全部转变为液相;若低于 T_M 时,则由液相转变为固相;只有当温度等于 T_M 时,固液两相的蒸气压才是一致的,此时固液两相可同时并存。这就是纯物质所以有固定和敏锐熔点的道理,若当温度超过 T_M,甚至只有几分之一摄氏度时,固体就可以全部转变为液体,若要精确测定熔点,在接近熔点时加热速度一定要慢,温度的升高不超过 1～2℃/min。

当有杂质存在时(假定两者不成固熔体),根据拉乌尔定律可知,在一定的压力和温度下,在溶剂中增加溶质,导致溶剂蒸气压分压降低(图 3-2),因此该化合物的熔点比较纯粹

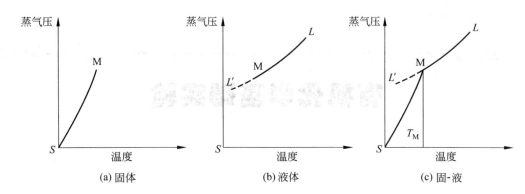

图 3-1 物质的温度与蒸气压曲线图

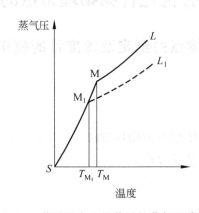

图 3-2 α-萘酚混有少量萘时的蒸气压降低图

者要低。

有机化合物的熔点范围是用熔程来表示的,所以不能取初熔和全熔的平均值。

三、熔点的测定方法与实验装置

1. 毛细管法

中华人民共和国国家标准《化学试剂 熔点范围测定通用方法》(GB/T 617—2006)规定了用毛细管法测定有机物熔点的通用方法,适用于结晶或粉末物熔点的测定。

图 3-3 是测定熔点的提勒(Thiele)管,又称 b 形管。管口装有开口橡皮塞,温度计插入其中。装好样品的熔点管(即一端封口的玻璃毛细管),用橡皮圈固定在温度计上。b 形管中装入传热液体(如石蜡油、浓硫酸等),高度达到上支口处即可。b 形管一定要干燥。这种装置必须用有缺口的塞子,避免加热体系的封闭。

这种装置是目前实验室中较为广泛使用的熔点测定装置。其特点是操作简便,浴液用量少,节省测定时间。

2. 显微熔点测定法

用毛细管法测定熔点,其优点是实验装置简单,方法简便,但缺点是不能观察晶体在加热过程中的变化情况。为了克服这一缺点,可用显微熔点仪测定熔点。这种熔点测定装置的优点是可测微量及高熔点(至 350℃)试样的熔点。

将微量样品放到载玻片上,如图 3-4 所示,在显微镜下观察熔化过程;样品结晶的棱角

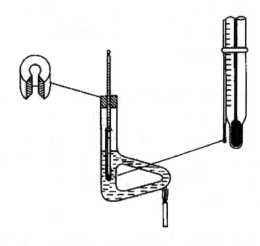

图 3-3 提勒管（b 形管）式熔点测定装置

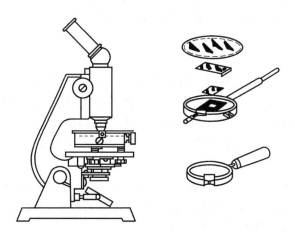

图 3-4 显微熔点测定仪

开始变圆时为初熔，结晶形状完全消失为全熔。使用该仪器时，一定要按照仪器的使用说明书，小心操作，仔细观察现象，正确记录。

四、仪器与试剂

仪器：提勒管（b 形管），玻璃毛细管，温度计（200℃），玻璃管（约 40 cm 长），表面皿，带缺口软木塞。

试剂：已知物，如肉桂酸（A.R.）或尿素（A.R.）、乙酰苯胺（A.R.）等；未知物（如按一定比例混合的已知物），液体石蜡。

五、实验步骤

方法一：毛细管法

1) 样品的填装

将少许研细的待测干燥样品集中堆在干燥的表面皿上，将熔点管（一端封口的毛细管）

开口向下插入样品粉末中,熔点管中将进入一些样品,然后将它开口向上放入垂直于桌面的长 30～40 cm 的玻璃管中垂直落下,使样品落于熔点管的底部。为了使管内装入 2～3 mm 紧密结实的样品,一般需要这样重复数次。

2）安装实验装置

将 b 形管固定在铁架台上,装入浴液(本实验用液体石蜡)。测定熔点在 150℃ 以下的有机物,可选用液体石蜡、甘油;测定熔点在 300℃ 以下的可采用有机硅油作为浴液。将装好样品的熔点管用橡皮圈套在温度计上(注意橡皮圈不能浸入到石蜡油的液面下),样品部位在温度计水银球的中部,小心地将温度计放入已装好液体石蜡油的提勒管中,水银球在提勒管上下两叉口中部(见图 3-3),注意温度计刻度应置于塞子的开口侧并朝向操作者,熔点管应在温度计的侧面,以便于观察。

3）加热升温

用酒精灯加热 b 形管侧管弯曲部位,使受热液体沿管上升运动。整个 b 形管中浴液对流循环,使温度均匀。注意当温度升至接近熔点时(距粗测熔点约 10℃),要缓慢加热,控制升温速度不得超过 1～2℃/min。对未知物熔点的测定,第一次可快速升温,测定化合物的大概熔点。

4）观察记录

在接近熔点范围时,注意观察熔点管内样品的状态。样品开始萎缩(塌落)并不是熔化开始的指示信号,实际的熔化开始于能看到第一滴液体时,记下此时的温度,即为初熔温度;当有最后一小粒固体消失在液化区内时,立即记下此时的温度,即为全熔时温度。用初熔到全熔的温度来表示该物质的熔程,例如 123～125℃,决不能仅记录一个数据或这两个温度的平均值,例如 124℃。

一个未知样品一般先进行一次粗测,即检查一下熔点的大概范围,然后进行细测,每个样品至少要有两次重复的数据。每次测定必须更换新毛细管,重新填装样品。进行第二次测定时浴液温度应比熔点温度低 10℃ 以下。

实验结束,实验结果经指导教师认可后,可拆卸实验仪器。温度计从热浴中取出后,不要马上用自来水冲洗,否则,容易发生水银球破裂。应当用干布或纸将温度计上的热油擦去,待温度恢复至接近室温后再进行清洗。浴液是否倒回指定的回收瓶,应由实验指导教师决定。倒出浴液后的 b 形管也要在指导教师的安排下决定是否清洗。

方法二：显微镜法

(1) 接通电源,打开仪器开关。

(2) 按"＋"键选择测量模式,按"－"键确认测量方式[1]。

(3) 按预置键设置初始温度,按"初熔,终熔"键确定调节光标位置,按"＋,－"键设置数字大小[2]。

(4) 再按一次"预置"键,仪器开始升温。

(5) 待温度稳定后,放上载玻片[3],加药品[4],盖上盖玻片。

(6) 调节显微镜至看清楚药品的轮廓。

(7) 按"升温"键,仪器屏幕显示示数 1.0,再按"升温"键,仪器开始以 1℃/min 的速率加热。

(8) 观察待测药品,待药品开始熔化时按下"初熔"键;待药品完全熔化时,按下"终熔"

键。记录初熔温度和终熔温度。

（9）关闭仪器，整理试验台。

六、注释

［1］用显微熔点测定仪测定熔点有两种模式，分别是盖玻片法和毛细管法。本实验采用盖玻片法。

［2］可以根据测试样品的熔点合理设置初始温度，以节约后面观察过程的加热时间，例如苯甲酸的熔点为 121～123℃，可以设置预置温度为 100℃。

［3］取放盖玻片和载玻片的时候需要用镊子，禁止用手拿载玻片，防止烫伤，同时要小心取放载玻片和盖玻片，防止掉入仪器缝隙。

［4］药品量的多少对熔点的观察影响很大。药品量过大，不易观察到药品的初熔，造成测量误差较大。因此实验过程中取用的药品量不宜过多，用镊子夹取少量即可。

七、温度计的校正

用上述方法测定熔点时，熔点的读数与实际熔点之间常有一定的差距，原因是多方面的，温度计的影响是一个重要因素。如温度计中毛细管孔径不均匀，有的刻度不准确。温度计刻度划分有全浸式和半浸式两种。全浸式温度计的刻度是在温度计的汞线全部均匀受热的情况下刻出来的，在测定熔点时仅有部分汞线受热，因而露出来的汞线当然较全部受热者为低。另外，长期使用的温度计，玻璃也可能发生变形使刻度不准。因此，在需要准确测量温度时，应对温度计进行校正。

校正温度计时，常采用纯粹有机化合物的熔点作为校正的标准。校正时只要选择数种已知熔点的纯粹有机化合物作为标准，测定它们的熔点，以实测的熔点为纵坐标、测得的熔点与应有熔点的差值作横坐标作图，便可得到一条该温度计的校正曲线。在以后用该温度计测量温度时，所得到的数据，通过该曲线可换算成准确值。每个实验者都应当将自己所用的温度计，通过测定标准化合物的熔点，进行温度计校正。表 3-1 给出了一些标准化合物的熔点，校正时可以选用。

表 3-1 校正温度计常用的标准样品

样品	熔点/℃	样品	熔点/℃
水-冰	0	苯甲酸	122
环己醇	25.5	尿素	132
α-萘胺	50	二苯基羟基乙酸	150
二苯胺	53	水杨酸	159
苯甲酸苯酯	70	磺胺二甲嘧啶	200
萘	80	酚酞	215
间二硝基苯	90	蒽	216
乙酰苯胺	114	蒽醌	286

八、注意事项

方法一：毛细管法

(1) 样品一定要干燥，并要研成细粉末，往毛细管内装样品时，一定要反复冲撞夯实，否则会使测量数据不准确。

(2) b形管一定要干燥，内壁不能有水，否则油浴加热时会产生油爆的噼啪响声，严重时油会迸出来，就像炒菜时油锅进水的情况。

(3) 熔点管在使用前，一定要检查一端是否封闭完全，可对着光亮观察封口处是否呈圆形亮点。

(4) 由于第二次测量时，油浴的冷却比较占用时间，因此可以先测熔点较低的样品，这样再测熔点较高的样品时，油浴的温度就不需要降很多了，从而节省了实验时间。

方法二：显微镜法

(1) 实验前需先清洗载玻片，保证其清洁。

(2) 实验过程中，观测台上温度较高，需要注意防止烫伤。

(3) 实验过程中，如果药品洒到仪器上，实验后需要及时清理，防止腐蚀仪器，造成仪器的损坏。

(4) 实验过程中，注意显微镜的用法。

九、思考题

(1) 已测得甲、乙两样品的熔点均为130℃，将它们以任何比例混合后测得的熔点仍为130℃，这说明什么？

(2) 测熔点时，若有下列情况将产生什么结果？①熔点管底部未完全封闭，尚有一针孔；②样品未完全干燥或含有杂质；③样品研得不细或装得不紧密；④加热太快。

(3) 是否可以用第一次熔点测定时已用过的毛细管再作第二次测定？为什么？

(4) 加热速度对测定结果有哪些影响？

(5) 药品的纯度对测定结果有哪些影响？

3.1.2 折光率的测定

一、实验目的

(1) 学习折光率的测定原理和测定方法。

(2) 了解阿贝折光仪的构造，掌握阿贝折光仪的使用。

二、实验原理

折光率是有机化合物重要的物理常数之一。作为液体物质纯度的标准，它比沸点更为可靠。利用折光率，可以鉴定未知化合物，也可以确定液体混合物的组成。物质的折光率不但与它的结构和光线有关，而且受温度、压力等因素的影响。所以表示折光率时，须注明所用的光线和测定时的温度，常用 n_D 表示。

当光线从一种介质 m 射入另外一种介质 M 时光的速度发生变化，光的传播方向也会改变(除了光线与两介质的界面垂直这种情况)。这种现象称为光的折射现象。光线方向的改变是用入射角 θ_i 和折射角 θ_r 来量度的。光的折射现象如图 3-5 所示。

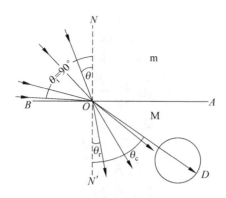

图 3-5 光的折射现象

根据光的折射定律，

$$\frac{\sin\theta_i}{\sin\theta_r} = \frac{v_m}{v_M}$$

我们把光的速度的比值 v_m/v_M 称为介质 M 的折光率（对介质 m），即 $n' = v_m/v_M$。

若 m 是真空，则 $v_m = C$（真空中的光速），

$$n = \frac{C}{v_M} = \frac{\sin\theta_i}{\sin\theta_r}$$

在测定折光率时，一般都是光从空气射入液体介质中，而

$$\frac{C}{v_{空气}} = 1.000\,27 \text{（即空气的折光率）}$$

因此，我们通常用在空气中测得的折光率作为该介质的折光率：

$$n = \frac{v_{空气}}{v_{液体}} = \frac{\sin\theta_i}{\sin\theta_r}$$

但是在精密的工作中，对两者应加以区别。折光率与入射波长及测定时介质的温度有关。故表示为 n_D^t。例如 n_D^{20} 即表示以钠光的 D 线（波长 589 nm）在 20℃时测定的折光率。对于一个化合物，当 λ、t 都固定时，它的折光率是一个常数。

三、阿贝折光仪的结构及使用方法

在有机化学实验里，一般常用阿贝（Abbe）折光仪来测定折光率。在折光仪上所刻的读数不是临界角度数，而是已计算好的折光率，故可直接读出。由于仪器上有消色散棱镜装置，所以可直接使用白光作光源，其测得的数值与钠光的 D 线所测得结果等同。

阿贝折光仪现有两种形式：其一为双目镜，结构如图 3-6 所示；其二为单目镜，结构如图 3-7 所示。

它们的主要部分都由两块棱镜组成，上面一块是光滑的，下面一块是磨砂的。测定时，将被测液体滴入磨砂棱镜，然后将两块棱镜叠合关紧。光线由反射镜入射到磨砂棱镜，产生漫射，以 0°~90°不同入射角进入液体层，再到达光滑棱镜。光滑棱镜的折射率很高（约 1.85），大于液体的折射率，其折射角小于入射角，这时在临界角以内的区域有光线通过，是明亮的，而临界角以外的区域没有光线通过，是暗的，从而形成了半明半暗的图像，如图 3-8 所示。

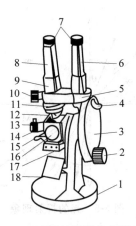

图 3-6　双目阿贝折射仪仪器结构

1—底座；2—棱镜转动手轮；3—圆盘组(内有刻度盘)；4—小反光镜；5—支架；6—读数镜筒；7—目镜；8—望远镜筒；9—示值调节螺丝；10—阿米西棱镜手轮；11—色散值刻度圈；12—棱镜锁紧扳手；13—棱镜组；14—温度计座；15—恒温器接头；16—保护罩；17—主轴；18—反光镜

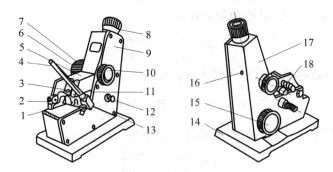

图 3-7　单目阿贝折射仪仪器结构

1—反射镜；2—转轴；3—遮光板；4—温度计；5—进光棱镜座；6—色散调节手轮；7—色散值刻度圈；8—目镜；9—盖板；10—手轮；11—折射标棱镜座；12—照明刻度盘聚光灯；13—温度计座；14—仪器的支承座；15—折射率刻度调节手轮；16—小孔；17—壳体；18—恒温器接头

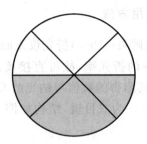

图 3-8　临界角时目镜视野图

双目阿贝折射仪的使用方法：

先将折射仪与恒温槽相连接。恒温后,小心地扭开直角棱镜的闭合旋钮,把上下棱镜分开。用少量丙酮、乙醇或乙醚润湿冲洗上下两镜面,分别用擦镜纸顺一方向把镜面擦干净。待完全干燥,使下面毛玻璃面棱镜处于水平状态,滴加一滴高纯度蒸馏水。合上棱镜,适当旋紧闭合旋钮。调节反射镜使光线射入棱镜。转动棱镜,直至从目镜中可观察到视场中有界线或出现彩色光带。若出现彩色光带,可调节消色散镜调节器,使明暗界线清晰,再转动棱镜,使界线恰好通过"十"字的交点。如图 3-8 所示。还需调节望远镜的目镜进行聚焦,使视场清晰。记下读数与温度,重复两次,将测得的纯水的平均折光率与纯水的标准值($n_D^{20}=1.33299$)比较,就可求得仪器的校正值。然后用同样的方法,测定待测液体样品的折光率。一般来说,校正值很小。若数值太大,必须请实验室专职人员或指导教师重新调整仪器。

单目阿贝折射仪的使用方法:

(1) 在开始测定前必须先用标准玻璃块校对读数,将标准玻璃块的抛光面上加一滴溴代萘,贴在折射棱镜的抛光面上,标准玻璃块抛光的一端应向上,以接受光线,当读数镜内指示于标准玻璃块上的刻度时,观察望远镜内明暗分界线是否在十字线中间,若有偏差,则用附件方孔调节扳手转动示值调节螺丝,使明暗分界线调整至中央,在以后的测定过程中,螺丝不允许再动。

(2) 开始测定之前必须将进光棱镜及折射棱镜擦洗干净,以免留有其他物质影响测定精度(可用少量丙酮、乙醇或乙醚清洗)。

(3) 将棱镜表面擦干净后把待测液体用滴管加在进光棱镜的磨砂面上,旋转棱镜锁紧手柄,要求液体均匀无气泡并充满视场。

(4) 调节两反光镜,使镜筒视场明亮。

(5) 旋转手柄使棱镜转动,在望远镜中观察明暗分界线上下移动,同时旋转阿米西棱镜手柄使视场中除黑白两色外无其他颜色,当视场中无色且分界线在十字线中心时观察读数棱镜视场右边所指示刻度值即为测出的折光率。

(6) 当测量糖溶液内含糖量浓度时,操作与测量液体折光率相同,此时应从读数镜视场左边所指示值读出,即为糖溶液含糖量浓度的百分数。

(7) 若需测量不同温度时的折光率,将温度计旋入温度计座内,接上恒温器,把恒温器的温度调节到所测量温度,待温度稳定 10 min 后,即可测量。

四、注意事项

(1) 要特别注意保护棱镜镜面,滴加液体时防止滴管口划伤镜面。

(2) 每次擦拭镜面时,只许用擦镜头纸轻擦,测试完毕,也要用丙酮洗净镜面,待干燥后才能合拢棱镜。

(3) 不能测量带有酸性、碱性或腐蚀性的液体。

(4) 测量完毕,拆下连接恒温槽的胶皮管,棱镜夹套内的水要排尽。

(5) 若无恒温槽,所得数据要加以修正,通常温度升高 1℃,液态化合物折光率降低 $(3.5 \sim 5.5) \times 10^{-4}$。

五、思考题

(1) 测定有机化合物折光率的意义是什么?

(2) 假定测得松节油的折光率为 $n_D^{30}=1.4710$,在 25℃时其折光率的近似值应是多少?

(3) 如何通过测定液体有机化合物的折光率来确定其纯度?

3.1.3 旋光度的测定

一、实验目的

(1) 了解旋光仪的结构和工作原理。
(2) 学习测定旋光性物质的旋光度和浓度的方法。

二、实验原理

某些有机化合物因具有手性，能使偏振光振动平面旋转一个角度。物质的这种性质称为旋光性，转过的角度称为旋光度，记作 α。使偏振光振动向左旋转的物质称为左旋性物质，使偏振光振动向右旋转的物质称为右旋性物质。许多有机化合物，尤其是来自生物体内的大部分天然产物，如氨基酸、生物碱和碳水化合物等，都具有旋光性。因此，旋光度的测定对于研究这些有机化合物的分子结构具有重要的作用，此外，旋光度的测定对于确定某些有机反应的反应机理也是很有意义的。

一种化合物的旋光度和旋光方向可用它的比旋光度来表示。物质的旋光度与测定时所用物质的浓度、溶剂、温度、旋光管长度和所用光源的波长都有关系。

纯液体的比旋光度：$[\alpha]_\lambda^t = \alpha/(L \cdot d)$

溶液的比旋光度：$[\alpha]_\lambda^t = \alpha/(L \cdot c)$

式中，$[\alpha]_\lambda^t$——旋光性物质在温度为 t、光源的波长为 λ 时的比旋光度，一般用钠光（λ 为 589 nm），用 $[\alpha]_D^t$ 表示；

t——测定时的温度；

d——密度，g/cm^3；

λ——光源的光波长；

α——标尺盘转动角度的读数（即旋光度），(°)；

L——样品管的长度，dm；

c——质量浓度（100 mL 溶液中所含样品的克数）。

比旋光度是旋光物质的重要物理常数，因此通过测定物质旋光度的方向和大小，可以推算出旋光性物质的纯度和含量。

三、旋光仪的结构及工作原理

普通光源发出的光称为自然光，其光波在垂直于传播方向的一切方向上振动。如果我们借助某种方法而获得只在一个方向上振动的光，这种光线称为偏振光。旋光仪的主体尼科尔（Nicol）棱镜就能起到这样的作用。

尼科尔棱镜是由两块方解石直角棱镜组成。棱镜两个锐角为 68°和 22°，两棱镜的直角边用加拿大树胶粘和起来，见图 3-9。当一束自然光 S 沿平行于 AC 的方向入射到端面 AB 后，由于方解石晶体的双折射特性，这束自然光就被折射成两束振动方向互相垂直的偏振光。其中一束偏振光 o 遵守折射定律，称为寻常光线。另一束偏振光 e 不遵守折射定律，称为非寻常光线。由于寻常光线 o 在直角棱镜中的折射率(1.658)大于在加拿大树胶中的折射率(1.550)，因此寻常光线 o 在第一块直角棱镜与加拿大树胶交界面上发生全反射，为棱镜的涂黑的表面所吸收。非寻常光线 e 在直角棱镜中的折射率 1.516 小于在加拿大树胶中的折射率,不产生全反射现象,故能透过树胶和第二块棱镜,从端面 CD 射出,从而获得一束单一的平面偏振光。在旋光仪中,用于产生偏振光的棱镜称为起偏镜。

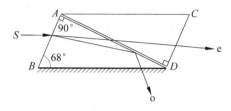

图 3-9　尼科尔棱镜的起偏原理图

在旋光仪中还设计了第二个尼科尔棱镜,其作用是检查偏振光经旋光物质后,其振动方向偏转的角度大小,称为检偏镜。它和旋光仪的刻度盘装在同一轴上,能随之一起转动。若一束光线经过起偏镜后,所得到的偏振光沿 OA 方向振动(见图 3-10)。由于检偏镜只允许沿某一方向振动的偏振光通过,设图 3-10 中的 OB 为检偏镜所允许通过的偏振光的振动方向。OA 和 OB 间的夹角为 θ,振幅为 E 的沿 OA 方向振动的偏振光可分解为相互垂直的两束平面偏振光,振幅分别为 $E\cos\theta$ 和 $E\sin\theta$,其中只有与 OB 相重合的分量 $E\cos\theta$ 可以通过检偏镜,而与 OB 垂直的分量 $E\sin\theta$ 则不能通过。由于光的强度 I 正比于光的振幅的平方,显然,当 $\theta=0°$ 时,$E\cos\theta=E$,透过检偏镜的光最强;当 $\theta=90°$ 时 $E\cos\theta=0$,此时没有偏振光通过检偏镜。旋光仪就是利用透光的强弱来测定旋光物质的旋光度的。

在旋光仪中,起偏镜是固定的,如果调节检偏镜使得 $\theta=90°$,则检偏镜前观察到的视场呈黑暗。如果在起偏镜和检偏镜之间放一盛有旋光性物质的样品管,由于物质的旋光作用,使 OA 偏转一个角度 α(见图 3-11),这样在 OB 方向上就有一个分量,所以视场不呈黑暗。当旋转检偏镜时,刻度盘随同转动,其旋转的角度可从刻度盘上读出。

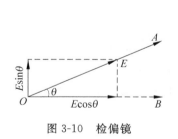

图 3-10　检偏镜　　　　　图 3-11　物质的旋光作用

由于人们的视力对鉴别二次全黑相同的误差较大(可差 4°～6°)因此设计了一种三分视野(也有二分视野)的装置来提高测量的精密度。三分视野的装置和原理如下:在起偏镜后的中部装一狭长的石英片,其宽度约为视野的 1/3。由于石英片具有旋光性,从石英片中透过的那一部分偏振光被旋转了一个角度 ϕ,ϕ 为"半暗角"。如果 OA 和 OB 开始是重合的,此时从望远镜视野中将看到透过石英的那部分光稍暗,两旁的光很强,见图 3-12(a),图中 OA' 是透过石英片后偏振光的振动方向。旋转检偏镜使 OB 与 OA' 垂直,则 OA' 方向上振动的偏振光不能透过检偏镜,因此,视野中央是黑暗的,而石英片两边的偏振光 OA 由于在 OB 方向上有一个分量 ON,因而视野两边稍亮,见图 3-12(b)。同理,调节 OB 与 OA 垂直,则视野两边黑暗,中间稍亮,见图 3-12(c)。如果调节 OB 与半暗角的分角线 PP' 垂直或重合,

则 OA 与 OA' 在 OB 上的分量 ON 和 ON' 相等,因此,视野中三个区内明暗程度相同,此时三分视野消失,见图 3-12(d)、(e)。根据三分视野的概念,可用如下方法来测定物质的旋光度:在样品管中充满无旋光性的蒸馏水,调节检偏镜的角度(OB 与 PP' 垂直)使三分视野消失,将此时的角度读数作为零点,再在样品管中换以被测试样,由于 OA 与 OA' 方向的偏振光都被转了一个角度 α,必须使检偏镜也相应地旋转一个角度 α,才能使 OB 与 PP' 重新垂直,三分视野再次消失,这个 α 即为被测物质的旋光度。

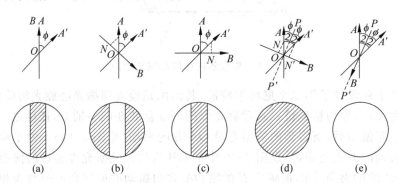

图 3-12 旋光仪的测量原理图

应当指出,如将 OB 再顺时针转过 $90°$,使 OB 与 PP' 重合,此时三分视野虽然也消失,但因整个视野太亮,不利于判断三分视野是否消失,所以总是选取 OB 与 PP' 垂直的情况作为旋光度的标准。

旋光度与温度有关,若在旋光仪的样品管外装一恒温夹套,通以恒温水,则可测量指定温度下的旋光度。

光源的波长通常采用钠灯 D 线(589 nm)。

旋光仪的纵断面图如图 3-13 所示。

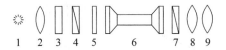

图 3-13 旋光仪的纵断面图

1—钠光灯;2—透镜;3—滤光片;4—起偏镜;5—石英片;6—样品管;7—检偏镜;8,9—望远镜

四、仪器与试剂

仪器:WXG-4 型圆盘旋光仪。

试剂:蒸馏水,10%酒石酸溶液或 10%葡萄糖溶液,浓度未知的酒石酸溶液或葡萄糖溶液。

五、实验内容与步骤

1. 样品管的充填

将样品管一端的螺帽旋下,取下玻璃盖片(小心不要掉在地上摔碎!),然后将管竖直,管口朝上。用滴管注入待测溶液或蒸馏水至管口,并使溶液的液面凸出管口。小心将玻璃盖片沿管口方向盖上,把多余的溶液挤压溢出,使管内不留气泡,盖上螺帽。管内如有气泡存在,须重新装填。装好后,将样品管外部拭净,以免沾污仪器的样品室。

2. 仪器零点的校正和半暗位置的识别

接通电源并打开光源开关,5~10 min 后,钠光灯发光正常(黄光),才能开始测定。通常在正式测定前,均须校正仪器的零点,即将充满蒸馏水或空白溶剂的样品管放入样品室,旋转粗调钮和微调钮至目镜视野中三分视场的明暗程度完全一致(较暗),再记下游标卡尺读数,如此重复测定 5 次;取其平均值即为仪器的零点值。游标尺读数方法见图 3-14。

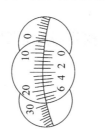
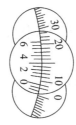

图 3-14 WXG-4 型圆盘旋光仪的双游标读数

该仪器采用双游标卡尺读数,以消除度盘偏心差。度盘分 360 格,每格 1°,游标卡尺分 20 格,等于度盘 19 格,用游标直接读数到 0.05°。如图 3-20 所示,游标 0 刻度指在度盘 9 与 10 格之间,且游标第 6 格与度盘某一格完全对齐,故其读数为 α = +(9.00°+0.05°×6) = 9.30°。仪器游标窗前方装有两块 4 倍的放大镜,供读数时用。

上述校正零点过程中,三分视场的明暗程度(较暗)完全一致的位置,即为仪器的半暗位置。通过零点的校正,要学会正确识别和判断仪器的半暗位置,并以此为准,进行样品旋光度的测定。

3. 样品旋光度的测定

将充满待测样品溶液的样品管放入旋光仪内,旋转粗调和微调旋钮,使达到半暗位置,按游标尺原理记下读数,重复 3 次,取平均值,即为旋光度的观测值,由观测值减去零点值,即为该样品真正的旋光度。例如,仪器的零点值为 -0.05°,样品旋光度的观测值为 +9.85°,则样品真正的旋光度为 α = +9.85°-(-0.05°) = +9.90°。

4. 测定项目

(1) 分别用 1 dm 和 2 dm 长样品管测定一已知浓度样品溶液的旋光度,计算其比旋光度。比较其结果。

(2) 用 1 dm 长或 2 dm 长样品管测定浓度未知的酒石酸溶液或葡萄糖溶液的旋光度,由文献查比旋光度,计算其浓度。

测定完毕后,关闭电源,将样品管洗净擦干,放入盒内。

六、注意事项

(1) 样品管应轻拿轻放,注意不要打碎。

(2) 所有镜片,包括样品管两头的护片玻璃都不能用手直接擦拭,应用柔软的绒布或镜头纸擦拭。

(3) 只能在同一方向转动度盘手轮时读取始、末示值决定旋光度,而不能在来回转动度盘手轮时读取示值,以免产生回程误差。

七、思考题

(1) 若测得某物质的比旋光度为＋18°,如何确定其是＋18°还是－342°?

(2) 若用2 dm长的样品管测定某光学纯物质的比旋光度为＋20°,试计算具有80%光学纯度的该物质的溶液(20 g/mL)的实测旋光度是多少?

(3) 测定旋光度时为什么样品管内不能有气泡存在?

3.2 液体化合物的分离和提纯

3.2.1 蒸馏和沸点的测定

一、实验目的

(1) 了解蒸馏的原理与测定沸点的意义。
(2) 初步掌握蒸馏装置的安装与操作。

二、沸点的意义及测定方法

沸点是指液体的表面蒸气压与外界压力相等时的温度。纯净液体受热时,其蒸气压随温度升高而迅速增大,当达到与外界大气压力相等时,液体开始沸腾;此时的温度就是该液体物质的沸点。由于外界压力对物质的沸点影响很大,所以通常把液体在101.325 kPa下测得的沸腾温度定义为该液体物质的沸点。

在一定压力下,纯净液体物质的沸点是固定的,沸程较小(0.5~1℃)。如果含有杂质,沸点就会发生变化,沸程也会增大。所以,一般可通过测定沸点来检验液体有机物的纯度。但必须注意,并非具有固定沸点的液体就一定是纯净物,因为有时某些共沸混合物也具有固定的沸点。沸点是液体有机物的特性常数,在物质的分离、提纯和使用中具有重要意义。

1. 常量法测定液体有机物的沸点

中华人民共和国国家标准《化学试剂 沸点测定通用方法》(GB/T 616—2006)规定了液体有机试剂沸点测定的通用方法,适用于受热易分解、氧化的液体有机试剂的沸点测定。

将盛有待测液体的试管由三口烧瓶的中口放入瓶中距瓶底2.5 cm处,用侧面开口橡胶塞将其固定住。烧瓶内盛放浴液,其液面应略高出试管中待测试样的液面。将一支分度值为0.1℃的测量温度计通过侧面开口胶塞固定在试管中距试样液面约2 cm处,测量温度计的露颈部分与一支辅助温度计用小橡胶圈套在一起。三口烧瓶的一侧口可放入一支测浴液的温度计,另一侧口用塞子塞上。这种装置测得的沸点经温度、压力、纬度和露颈校正后,准确度较高,主要用于精密度要求较高的实验中。

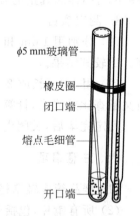

图 3-15 微量法测定沸点

2. 微量法测定液体有机物的沸点

微量法沸点测定装置如图3-15所示,无论是主要仪器的装配还是热载体的选择都与熔点测定装置相同。所不同的是测熔点用的毛细管被沸点管所取代。沸点管有内外两管。内管是长 4~6 cm、一端封闭、内径为 1 mm 的毛细管,外管是长 8~9 cm、一端封闭、内径为 4~5 mm 的小玻璃管。外管封闭端在下,用橡皮筋把外管固定在温度计旁。外管和温度计两底相平,橡皮筋要系在热载体液面合适位置上(要考虑到载体受热膨胀)。将被测液体滴入沸点外管里(液面约 1 cm 高),将内管开口向下插入被测液体内,然后像测熔点装置一样装入提勒管。

做好一切准备后开始加热提勒管。由于沸点内管里气体受热膨胀,很快有小气泡缓缓地从毛细管口逸出。气泡由缓缓逸出变为快速而且是连续不断地往外冒。此时立即停止加热,随着温度的降低,气泡逸出的速度会明显地减慢。当看到气泡不再冒出而液体刚要进入沸点内管时的一瞬间(即最后一个气泡即将缩回到毛细管时),表明毛细管的内压与外界大气压相等,此时的温度即为该液体的沸点,马上记下这个温度。

微量法测定沸点应注意三点:第一,加热不能过快,被测液体不宜太少,以防液体全部汽化;第二,沸点内管里的空气要尽量赶干净,正式测定前,让沸点内管里有大量气泡冒出;第三,观察要仔细、及时,并重复几次,其误差不得超过 1℃。

3. 蒸馏装置测定液体有机物的沸点

实验室中,通常是采用蒸馏装置进行液体有机物沸点的测定。

蒸馏是分离和提纯液态有机化合物最常用的方法。纯的液态物质在大气压下有一定的沸点,不纯的液态物质沸点不恒定,因此可用蒸馏的方法测定物质的沸点和定性地检验物质的纯度。中华人民共和国国家标准《化学试剂 沸程测定通用方法》(GB/T 615—2006)规定了用蒸馏法测定物质沸点的通用方法,适用于沸点在 30~300℃,并且在蒸馏过程中化学性能稳定的液体有机试剂。本节讨论的是在常压下的蒸馏,称为普通蒸馏或简单蒸馏。

三、蒸馏原理与装置

1. 蒸馏原理

蒸馏是指将液态物质加热至沸腾,使之成为蒸气状态,并将其冷凝为液体的过程。若加热的液体是纯物质,当该物质蒸气压与液体表面的大气压相等时,液体呈沸腾状,此时的温度为该液体的沸点。所以通过蒸馏操作可以测定纯物质的沸点。纯粹液体的沸程一般为 0.5~1℃,而混合物的沸程较宽。

当对液体混合物加热时,低沸点、易挥发物质首先蒸发,故在蒸气中有较多的易挥发组分,在剩余的液体中含有较多的难挥发组分,因而蒸馏可使混合物中各组分得到部分或完全分离。只有两种液体的沸点差大于 30℃ 的液体混合物,才能较好地利用蒸馏方法进行分离或提纯。在加热过程中,溶解在液体内部的空气或以薄膜形式吸附在瓶壁上的空气有助于气泡的形成,玻璃的粗糙面也起促进作用。这种气泡中心称为汽化中心,可作为蒸气气泡的核心。在沸点时,液体释放出大量蒸气至小气泡中。待气泡中的总压力增加到超过大气压,并足够克服由于液体所产生的压力时,蒸气的气泡就上升逸出液面。如在液体中有许多小的空气泡或其他的汽化中心时,液体就可平稳地沸腾。反之,如果液体中几乎不存在空气,器壁光滑、洁净,形成气泡就非常困难,这样加热时,液体的温度可能上升到超过沸点很多而不沸腾,这种现象称为"过热"。液体在此温度时的蒸气压已远远超过大气压和液柱压力之和,因此上升气泡增大非常快,甚至将液体冲溢出瓶外,称为"暴沸"。为了避免"暴沸"现象的发生,应在加热之前,加入沸石、素瓷片等助沸物,以形成汽化中心,使沸腾平稳。也可用几根一端封闭的毛细管(毛细管应有足够长度,使其上端可搁在蒸馏瓶的颈部,开口的一端朝下)。此时应当注意,在任何情况下,不可将助沸物在液体接近沸腾时加入,以免发生"冲料"或"喷料"现象。正确的操作方法是在稍冷后加入。另外,在沸腾过程中,中途停止操作,应当重新加入助沸物,因为一旦停止操作后,温度下降,助沸物已吸附液体,失去形成汽化中心的功能。

2. 蒸馏装置

蒸馏装置主要由圆底烧瓶、冷凝管和接收器三部分组成,如图3-16所示。

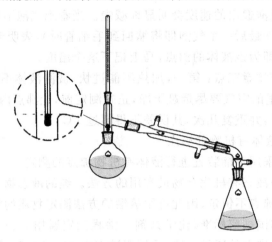

图 3-16 蒸馏装置

首先选择圆底烧瓶的大小。一般是被蒸馏物的体积占烧瓶容积的 1/3～2/3 为宜。用铁夹夹住瓶颈上端磨砂口处,根据烧瓶下面热源的高度,确定烧瓶的高度,并将其固定在铁架台上。在圆底烧瓶上安装蒸馏头,其竖口插入温度计(分度值为 0.1℃,量程应适合被蒸馏物的沸点范围)。温度计水银球上端与蒸馏头支管的下沿保持水平。蒸馏头的支管依次连接直形冷凝管(注意冷凝管的进水口应在下方,出水口应在上方,铁夹应夹住冷凝管的中央,必须先连接好进出口引水橡皮管后再用铁夹固定)、尾接管、接收瓶(常压蒸馏接收瓶用一般锥形瓶即可)。

在安装时,其程序一般是由下(从加热源)而上,由左(从圆底烧瓶)向右,依次连接。有时还要根据接收瓶的位置(如过低或过高),反过来调整圆底烧瓶与加热源的高度。在安装时,可使用升降台或小方木块作为垫高用具,以调节热源或接受瓶的高度。

蒸馏装置安装完毕后,应从 3 个方面进行检查:

(1) 从正面看,温度计、圆底烧瓶、热源的中心轴线在同一条直线上,可简称为"上下一条线",不要出现装置的歪斜现象。

(2) 从侧面看,接收瓶、冷凝管、圆底瓶的中心轴线在同一平面上,可简称为"左右在同一面",不要出现装置的扭曲或曲折等现象。在安装中,使夹圆底烧瓶、冷凝管的铁夹伸出的长度大致一样,可使装置符合规范。

(3) 装置要稳定、牢固,各磨口接头要相互连接,要严密(否则会出现漏气甚至燃烧现象),铁夹要夹牢,装置不要松散或稍一碰就晃动。能符合这些要求的蒸馏装置将具有实用、整齐、美观、牢固的优点。

如果被蒸馏物质易吸湿,应在尾接管的支管上连接一个氯化钙管。如蒸馏易燃物质(如乙醚等),则应在尾接管的支管上连接一个橡皮管引出室外,或引入水槽和下水道内。

当蒸馏沸点高于140℃的有机物时,不能用水冷冷凝管,要改用空气冷凝管。

若使用热浴作为热源,则热浴的温度必须比蒸馏液体的沸点高出若干度,否则是不能将被蒸馏物蒸出的。热浴温度比被蒸馏物的沸点高出越多,蒸馏速度越快。但加热浴的温度最高不能超过沸点30℃。否则会导致瓶内物质发生冲料现象,引发燃烧等事故的发生。这在处理低沸点、易燃物时尤应注意。过度加热还会引起被蒸馏物的过热分解。

在蒸馏乙醚等低沸点易燃液体时,应当用热水浴加热,不能用明火直接加热,也不能用明火加热热水浴。应用恒温水浴锅或添加热水的方法,维持热水浴的温度。

四、仪器与试剂

仪器:圆底烧瓶(50 mL),直形冷凝管,蒸馏头,尾接管,温度计,锥形瓶,加热源(电热套),量筒,漏斗等。

试剂:乙醇-水混合物。

五、实验步骤

1) 安装蒸馏装置

根据图3-16安装蒸馏装置,检查好装置的稳妥性后,便可按下列程序进行蒸馏操作。

2) 加入物料

将20 mL乙醇-水混合液通过长颈玻璃漏斗由蒸馏头上口倒入圆底烧瓶中(注意漏斗颈应超过蒸馏头侧管的下沿,以防液体由侧管流入冷凝管中),投入几粒沸石(防止暴沸),再装好温度计。

3) 通冷凝水

仔细检查各连接处的气密性及与大气相通处是否畅通(绝不能造成密闭体系!)后,缓慢打开水龙头开关,通入冷凝水。

4) 加热蒸馏

选择适当的热源,先用小火加热(以防蒸馏烧瓶因局部骤热而炸裂),逐渐增大加热强度。当烧瓶内液体开始沸腾,其蒸气到达温度计水银球部位时,温度计的读数就会急剧上升,这时应适当调小加热强度,使蒸气包围水银球,水银球下部始终挂有液珠,保持汽液两相平衡。此时温度计所显示的温度即为该液体的沸点。然后可适当调节加热强度,控制蒸馏速度,以每秒馏出1~2滴为宜。

5) 观测沸点、收集馏液

记下第一滴馏出液滴入接收瓶时的温度。如果所蒸馏的液体中含有低沸点的前馏分,则需在蒸馏温度趋于稳定后,更换接收瓶。记录所需要的馏分开始馏出(即稳定的温度)和收集到最后一滴时的温度,这就是该馏分的沸程(也叫沸点范围)。纯液体的沸程一般在1~2℃之内。

6) 停止蒸馏

当维持原来的加热温度,不再有乙醇馏出液蒸出时,温度会突然上升(或下降),这时应停止蒸馏,本实验圆底烧瓶中剩下的液体几乎都是水了。而其他情况的蒸馏时,即使杂质含量很少,也不要蒸干,以免烧瓶炸裂。蒸馏结束时,应先停止加热,待稍冷后再停通冷凝水,然后按照与装配时相反的顺序拆除蒸馏装置。

7) 回收乙醇

用量筒测量收集到的乙醇馏出液的体积,记录下来,然后将乙醇统一倒入指定回收瓶中。圆底烧瓶中的残液大部分是水,可以直接倒入下水道,但不能将沸石也倒入下水道,以免引起下水道堵塞,应将沸石取出放入垃圾桶。

六、注意事项

(1) 只有两种液体的沸点差大于30℃的液体混合物,才能较好地利用蒸馏方法进行分离或提纯,而本实验蒸馏的乙醇-水混合物,两者沸点相差仅22℃,而且乙醇和水还可以形成共沸物。无论乙醇-水共沸物的起始组成如何,当对它加热时,总是在78.15℃沸腾,沸点温度既低于水的沸点(100℃),也低于无水乙醇的沸点(78.3℃),而且馏出液的组成固定不变(乙醇95.57%,水4.43%,质量比),因此本实验是不能将水和乙醇完全分开的,我们蒸馏所得的是含乙醇95.57%和水4.47%的混合物,相当于市售的95%乙醇。

(2) 一般实验室常用沸石为一端封口的小段毛细管,取2~3个即可。

(3) 冷凝水不宜开得过大,由于在蒸馏加热过程中,冷凝水要始终开着,所以只要出水口有细流流出,不影响冷凝效果即可,以免造成水资源的浪费。

(4) 连接冷凝水的乳胶管一定要牢固地安装在冷凝管的上下水口,而且尽量不要有弯折,以免开通自来水时水压使乳胶管接口处崩开,造成水漫实验台或是水进电热套里。

(5) 为了可以与下面的分馏实验做对比,可以记录2.5 mL、3.0 mL、4.0 mL、……各馏出液体积及其对应的温度值,当蒸馏瓶中的残液剩余2~3 mL时,结束实验,并以馏出液体积和对应的温度作蒸馏曲线。

七、思考题

(1) 沸石在蒸馏时起什么作用?加沸石要注意哪些问题?

(2) 蒸馏时,温度计水银球的位置如果偏高或偏低,对蒸馏结果会产生怎样的影响?

(3) 开始加热之前,为什么要先检查装置的气密性?蒸馏装置中若没有与大气相通处,可以吗?为什么?

3.2.2 分馏

一、实验目的

(1) 了解分馏的原理和意义。

(2) 学习实验室常用分馏的操作方法。

二、分馏的意义与原理

分馏是利用分馏柱(工业上用分馏塔),使沸点相差较小的液体混合物进行多次部分汽化和冷凝。当上升的蒸气与下降的冷凝液相互接触时,上升的蒸气部分冷凝放出热量使下降的冷凝液部分汽化,两者之间发生了热交换。其结果是上升的蒸气中低沸点组分增加,下降的冷凝液中高沸点组分增加,如此经过多次热交换,就相当于连续多次的普通蒸馏。以致低沸点组分的蒸气不断上升,而被蒸馏出来;高沸点组分则不断流回蒸馏瓶中,从而将它们分离。这种操作过程称为分馏,又称分级蒸馏或精馏。当今最精密的分馏设备已能分离沸点相差 1～2℃ 的液体混合物。

三、分馏装置

分馏装置由圆底烧瓶、分馏柱、冷凝管、尾接管和接收瓶组成。

为了分离沸点相近的液体混合物,要求分馏柱内的气、液相能广泛紧密地接触,以利于热交换,分馏柱应有足够的高度。分馏少量液体时,常用垂刺分馏柱,又称韦氏分馏柱,为使分馏柱内保持一定的温度,分馏柱外壁可缠绕石棉绳或其他保温材料。

分馏装置的装配原则和蒸馏装置基本相同。简单的分馏装置如图 3-17 所示。

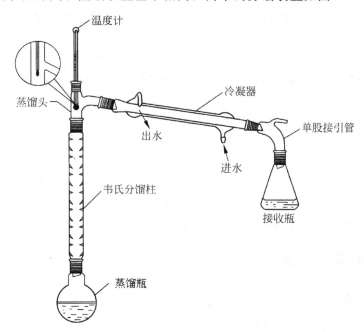

图 3-17 简单分馏装置

由于分馏装置比蒸馏装置多了一根有一定长度的分馏柱,因此最好也将分馏柱用铁夹固定在铁架台上,这样可使整套装置更加稳定。接收瓶的位置较高,可以用升降台将其托到合适位置。

四、仪器与试剂

仪器:圆底烧瓶(50 mL),垂刺分馏柱,直形冷凝管,蒸馏头,尾接管,温度计,锥形瓶,加热源(电热套),量筒,漏斗等。

试剂:乙醇-水混合物或其他混合物均可。

五、实验步骤

与蒸馏实验基本相同，下面仅将操作不同的地方列出来。

(1) 为了绘制温度-体积曲线，可选用量筒作为接收器。

(2) 控制冷凝管馏出液滴的速度为每 2～3 s 一滴。

(3) 记下馏出第一滴液体时的温度，然后记录 2.5 mL、3.0 mL、4.0 mL、……各馏出液体积及其对应的温度值，当蒸馏瓶中的残液剩余 2～3 mL 时，结束实验，不宜将液体蒸干，并以馏出液体积和对应的温度作分馏曲线。

六、注意事项

(1) 安装装置时，尾接管的位置较高，安装不当很容易打碎，因此当其他部分都安装好，通上冷凝水，打开电热套电源，整套装置不需要再移动后，再将尾接管和接收瓶安上即可。实验结束后，关闭电源、冷凝水，无馏出液后，应马上将尾接管和接收瓶拆下来，以免不小心碰到，打碎。

(2) 加热开始沸腾 10～15 min 后蒸气可到达分馏柱的顶部（可以小心地用手轻触柱壁，如若烫手表示蒸气已达该处），如长时间蒸气还到达不到顶部，那就是由于分馏柱的散热过度造成的，可用干布包裹分馏柱身处，尽量减少散热。

(3) 蒸馏实验也可以根据馏出液体积和对应的温度作出蒸馏曲线，这样可以与分馏实验进行分离效果的对比。

七、思考题

(1) 分馏和蒸馏在原理和装置上有哪些异同？

(2) 对乙醇-水溶液进行简单分馏操作，能得到纯乙醇吗？为什么？

3.2.3 水蒸气蒸馏

一、实验目的

(1) 学习水蒸气蒸馏的原理及其应用。

(2) 熟悉水蒸气蒸馏的装置及其操作方法。

二、水蒸气蒸馏的原理与意义

水蒸气蒸馏(steam distillation)是将水蒸气通入不溶于水的有机物中或使有机物与水经过共沸而蒸出的操作过程。它是用来分离和提纯液态或固态有机化合物的一种方法。

此法常用于下列几种情况：

(1) 反应混合物中含有大量树脂状杂质或不挥发性杂质。

(2) 要求除去易挥发的有机物。

(3) 从固体多的反应混合物中分离被吸附的液体产物。

(4) 某些有机物在达到沸点时容易被破坏，采用水蒸气蒸馏可在 100℃ 以下蒸出。

若使用这种方法，被提纯化合物应具备以下条件：

(1) 不溶或难溶于水,如溶于水则蒸气压显著下降,例如丁酸比甲酸在水中的溶解度小,所以丁酸比甲酸易被水蒸气蒸馏出来,虽然纯甲酸的沸点(101℃)较丁酸的沸点(162℃)低得多。

(2) 在沸腾下与水不起化学反应。

(3) 在100℃左右,该化合物应具有一定的蒸气压(一般不小于13.33 kPa,10 mmHg)。

当水和不(或难)溶于水的化合物共存时,整个体系的蒸气压力根据道尔顿分压定律,应为各组分蒸气压之和,即 $p_{混合物} = p_水 + p_{有机物}$。当混合物中各组分的蒸气压总和等于外界大气压时,混合物开始沸腾。这时的温度即为它们的沸点。所以混合物的沸点比其中任一组分的沸点都要低些。因此,常压下应用水蒸气蒸馏,能在低于100℃的情况下将高沸点组分与水一起蒸出来。蒸馏时混合物的沸点保持不变,直到其中一组分几乎全部蒸出(因为总的蒸气压与混合物中二者相对量无关)。

例如,常压下苯胺的沸点为184.4℃,当用水蒸气蒸馏时,则苯胺水溶液的沸点为98.4℃,此时,苯胺的饱和蒸气压为5.60 kPa,水为95.73 kPa,两者之和为101.33 kPa,等于大气压。水蒸气与苯胺蒸气同时被蒸出,在蒸出气体的冷凝液中,有机物与水的质量比等于各自的饱和蒸气压与摩尔质量乘积之比:

$$\frac{m_{有机物}}{m_水} = \frac{p_{有机物} \cdot M_{有机物}}{p_水 \cdot M_水}$$

式中,$m_{有机物}$、$m_水$ 分别为有机物和水的质量,$p_{有机物}$ 和 $p_水$ 分别为沸腾温度下有机物和水的饱和蒸气压,$M_{有机物}$ 和 $M_水$ 分别是有机物和水的摩尔质量。以苯胺水蒸气蒸馏为例,苯胺与水的质量比为

$$\frac{m_{苯胺}}{m_水} = \frac{5.6 \text{ kPa} \times 93 \text{ g/mol}}{95.73 \text{ kPa} \times 18 \text{ g/mol}} \approx \frac{1}{3.3}$$

即每蒸出3.3 g水可带出1 g苯胺。上述关系式只适用于不溶于水的化合物,因此,这种计算只得到理论上的近似值。由于苯胺微溶于水,故它在馏出液中实际的含量比理论值低。

三、水蒸气蒸馏装置

水蒸气蒸馏装置主要由水蒸气发生器、长颈圆底烧瓶(或三口烧瓶)、直形冷凝管、尾接管、接收器组成,如图3-18所示。

水蒸气发生器A通常为金属容器(也可用长颈圆底烧瓶代替),盛水量以占其容量的2/3为宜。长玻璃管B为平衡安全管,其下端接近容器底部,在正常操作时,保持水蒸气有一定压力,以便进行水蒸气蒸馏,当水蒸气压力超过平衡管内水柱的压力时,水可冲出玻璃管,从而泄压以保证整个装置的安全。水蒸气发生器的侧面装有玻璃水位管以观察容器内水平面高度。圆底烧瓶D是盛被蒸馏物质的容器,被蒸馏液体不能超过其体积的1/3。用铁架台和铁夹将圆底烧瓶固定。为防止蒸馏过程中瓶内液体因跳溅而冲入冷凝管,故将长颈圆底烧瓶的位置向水蒸气发生器方向倾斜45°。烧瓶口装有双孔胶塞,一孔插入水蒸气导管C,其外径不小于7 mm,以保证水蒸气畅通,末端正对着烧瓶底部,距底部8~10 mm,以利于水蒸气和被蒸馏物质充分接触,并起搅动作用。另一孔插入馏出液导管E,其外径略粗一些,约为10 mm,以利于水蒸气和有机物蒸气通畅地进入冷凝管,避免蒸气导出受阻而增加烧瓶D中的压力。导管E常弯成30°,连接烧瓶的一端应尽可能短一些,插入双孔塞后露出约

5 mm，通入冷凝管的一段则允许稍长一些，可起部分冷凝作用。为使馏出液充分冷却宜采用长的直型冷凝管，冷却水的流速可以大一些。

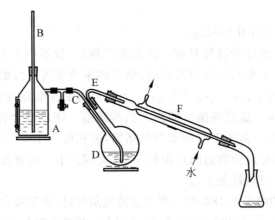

图 3-18　水蒸气蒸馏装置

A—水蒸气发生器；B—安全管；C—水蒸气导管；D—长颈圆底烧瓶；E—馏出液导管；F—直形冷凝管

水蒸气发生器的支管与水蒸气导管 C 之间要连一根 T 形管，在其支管上连接一段短橡皮管，用 T 形夹夹紧。T 形管可用来除去水蒸气中冷凝下来的水，同时当系统受阻、压力升高或发生其他意外时，也可打开 T 形夹，使系统与大气相通。

四、水蒸气蒸馏操作

在水蒸气发生器中加入一定量水，圆底烧瓶中加入待蒸馏的物质。操作前，应检查水蒸气蒸馏装置，必须严密不漏气。开始蒸馏时，应先打开 T 形管上的 T 形夹，用电炉加热水蒸气发生器，当有蒸气从 T 形管冲出时，夹上 T 形夹，使水蒸气通入圆底烧瓶。水蒸气同时起加热、搅拌和带出有机物蒸气的作用。当冷凝管中出现浑浊液滴时，调节电炉加热功率，使馏出液的速度为 2～3 滴/s。为使水蒸气不在圆底烧瓶中过多冷凝，特别是在室温较低时，可用小火加热圆底烧瓶。蒸馏时应随时注意安全管中水柱的高度，防止系统堵塞。一旦发生水柱不正常上升或烧瓶中的液体有倒吸现象，则应立刻打开 T 形夹，关掉加热源，找出发生故障的原因，排除故障后，才能继续蒸馏。当馏出液澄清透明，不再有油滴时，即可停止蒸馏。这时，要先松开 T 形管的 T 形夹，再关掉加热源，以防烧瓶中的液体倒吸。

水蒸气蒸馏可结合肉桂酸等合成实验进行操作练习。

五、注意事项

（1）必要时，可从水蒸气发生器的支管开始，至圆底烧瓶的蒸气通路，用保温材料包裹，以便保温，否则，当加热强度不够或室内气温过低时，在支管至圆底烧瓶间的通路中，可以看到有冷凝水，阻碍蒸气通行。若有此现象，可打开 T 形管的 T 形夹放水，然后加大升温强度，进行保温操作。

（2）水蒸气发生器至圆底烧瓶的蒸气通路，应尽量使其长度短些，因此各导管之间的连接最好使用较短的乳胶管和玻璃导管，以免通路过长，造成水蒸气在通路内就冷凝了，而进不到圆底烧瓶中。

(3) 如何判断蒸馏物全部被蒸出了：可用盛水的小烧杯接几滴馏出液仔细观察，若没有油滴，表示被蒸馏物已全部蒸出，可停止蒸馏了。

六、思考题

(1) 什么情况下可以利用水蒸气蒸馏进行分离提纯？
(2) 被提纯化合物应具备什么条件？
(3) 安全管和T形管都具有哪些作用？
(4) 发现安全管内液体迅速上升，应该怎么办？

3.2.4 减压蒸馏

一、实验目的

(1) 学习减压蒸馏的原理及其应用。
(2) 掌握减压蒸馏的仪器安装与操作方法。

二、减压蒸馏的原理与应用

液体的沸点与外界施加于液体表面的压力有关，随着外界施加于液体表面压力的降低，液体的沸点下降。在普通蒸馏操作中，一些高沸点有机物加热到其正常沸点附近时，会由于温度过高而发生氧化、分解或聚合等反应，使其无法在常压下蒸馏。若将蒸馏装置连接在一套减压系统上，在蒸馏开始前先使整个系统压力降低到只有常压的十几分之一至几十分之一，那么这类有机物就可以在较其正常沸点低得多的温度下进行蒸馏，这种操作叫减压蒸馏。

减压蒸馏是分离、提纯液体有机化物的一种重要方法。适用于分离、提纯在常压下蒸馏未到沸点即发生分解、氧化或聚合的化合物。

一般的高沸点有机化合物，当压力降低到2.67 kPa时，其沸点要比常压下的沸点低100~120℃。减压蒸馏时，液体在一定压力下的沸点，可通过图3-19所示的沸点-压力的经验计算图近似地推算出高沸点物质在不同压力下的沸点。

例如，水杨酸乙酯常压下的沸点为234℃，欲找出在2.67 kPa(20 mmHg)时的沸点温度，可在图3-19的B线上找出相当于234℃的点，将此点与C线上20 mmHg处的点连成一直线，将此线延长与A线相交，其交点所示的温度就是水杨酸乙酯在2.67 kPa (20 mmHg)时的沸点，约为118℃。

三、减压蒸馏的装置

减压蒸馏装置通常由蒸馏烧瓶、冷凝管、接收器、水银压力计、净化塔、缓冲用的吸滤瓶和减压泵等组成。简便的减压蒸馏装置如图3-20所示。

1) 蒸馏部分

减压蒸馏烧瓶通常用克氏蒸馏烧瓶。也可以由圆底烧瓶和蒸馏头之间装配二口连接管A组成，或由圆底烧瓶和克氏蒸馏头组成。它有两个瓶颈，带支管的瓶口装配插有温度计套管，而另一瓶口则装配插有毛细管C的螺口接头。毛细管的下端调整到离烧瓶底1~

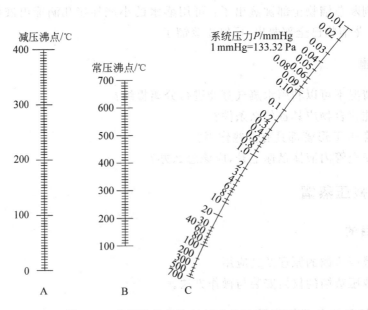

图 3-19 有机液体的沸点-压力的经验计算图

2 mm 处,其上端套一段短橡皮管,在橡皮管中插入一根直径约为 1 mm 的金属丝,用螺旋夹 D 夹住,以调节进入烧瓶的空气量,使液体保持适当程度的沸腾。在减压蒸馏时,空气由毛细管进入烧瓶,冒出小气泡,成为液体沸腾的汽化中心,同时又起一定的搅拌作用。这样可以防止液体暴沸,使沸腾保持平稳。这对减压蒸馏是非常重要的。

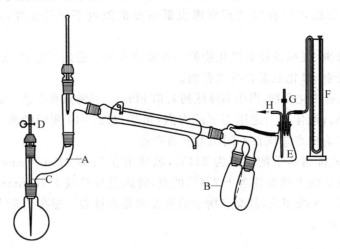

图 3-20 减压蒸馏装置

A—二口连接管;B—接收器;C—毛细管;D—螺旋夹;E—缓冲用的吸滤瓶;F—水银压力计;G—二通旋塞;H—导管

减压蒸馏装置中的接收器 B 通常用圆底烧瓶(不能用平底烧瓶或锥形瓶)。蒸馏时,若要收取不同的馏分而又要不中断蒸馏,则可用多头接引管,如图 3-20 所示,多头尾接管的上部有一个支管,由此支管抽真空。多头尾接管与冷凝管的连接磨口要涂有少许凡士林,以便转动多头尾接管,使不同的馏分流入指定的接收器中。

带支管的尾接管用耐压的厚橡皮管与作为缓冲用的吸滤瓶 E 连接起来。吸滤瓶的瓶口上装一个三孔橡皮塞,一孔连接水银压力计F,一孔接二通旋塞G,另一孔插导管H。导管H的下端应接近瓶底,上端与水泵相连接。

2) 抽气减压部分

实验室通常用水泵和油泵进行抽气减压。水泵能使系统压力降至2.00~3.33 kPa。这可以满足一般减压蒸馏的要求。使用油泵要注意油泵的防护保养,不使有机物质、水、酸等的蒸气侵入泵内。易挥发有机物质的蒸气可被泵内的油所吸收,使油污染,降低泵的效率;水蒸气凝结在泵里,会使油乳化,也会降低泵的效率;酸会腐蚀泵。

对于那些因减压而可能被抽出来的沸点较低的组分,也可在接收器和净化塔之间装上冷却阱,根据具体情况可以选用冰-水、冰-盐或干冰-丙酮等冷却剂,将冷却阱浸入盛有冷却剂的广口保温瓶中。

3) 保护和测压部分

为了保护油泵,应在油泵前面装设净化塔,净化塔里依次装有粒状氢氧化钠和活性炭(或分子筛)等以除去水蒸气、酸蒸气和有机物蒸气。因此,用油泵进行减压蒸馏时,在接收器和油泵之间,应依次装上水银压力计、净化塔和缓冲用的吸滤瓶。

减压蒸馏装置内的压力,可用水银压力计来测定。如图3-20中所示的水银压力计F。装置中的压力是这样测定的:先记录下压力计F中两臂水银柱高度的差值(mmHg),然后从当时的大气压力(mmHg)减去这个差值,即得蒸馏装置内的压力。

四、减压蒸馏操作

仪器安装完毕,在开始蒸馏以前,首先检查装置的气密性,以及装置能减压到何种程度。在圆底烧瓶中放入占其容量1/3~1/2的待蒸馏物质。先用螺旋夹D把套在毛细管C上的橡皮管完全夹紧,打开二通旋塞G,然后开动油泵。逐渐关闭二通旋塞G,从水银压力计观察装置所能达到的减压程度。

经过检查,如果仪器装置完全合乎要求,可开始蒸馏。加热蒸馏前,需调节螺旋夹D和二通旋塞G,使毛细管C中有适量的气泡冒出(如无气泡,可能毛细管堵塞,应予以更换)。从压力计上观察系统所能达到的压力,如果压力低于所需要的压力,可以小心地旋转二通旋塞G,慢慢地引入空气,把压力调整到所需要的值。如果达不到所需要的压力,可从蒸气压-温度曲线查出该压力下液体的沸点,据此进行蒸馏。蒸馏时,先通冷凝水,然后用电热套进行加热。逐渐升温,控制加热速度,使馏出液流出的速度每秒钟不超过一滴。在蒸馏过程中,应注意水银压力计的读数,记录下时间、压力、液体沸点、馏出液流出的速度等数据。

蒸馏完毕时,停止加热,旋开螺旋夹D,慢慢地打开二通旋塞G,使装置与大气相通(注意:这一操作须特别小心,一定要慢慢地旋开二通旋塞,使压力计中的水银柱慢慢地恢复到原状,如果引入空气太快,水银柱会很快地上升,有冲破U形管压力计的可能)。然后关闭油泵。待装置内的压力与大气压力相等后,方可拆卸仪器。

减压蒸馏操作可结合邻苯二甲酸二丁酯的制备等合成实验进行训练。

五、注意事项

(1) 本实验涉及减压系统的操作,应在教师指导下认真操作,以免发生事故。初学者未经教师同意,不要擅自单独操作。

（2）毛细管起到了汽化中心的作用，因此不用再加沸石。当然对于那些易氧化的物质，毛细管也可以通氮气、二氧化碳起到保护物质的作用。

（3）减压蒸馏提纯过程中碰到蒸馏过程中馏分温度持续上升，无法提纯，可以采用加分馏柱的方法，要控制升温的速度，梯度升温。蒸馏前先抽真空，真空稳定后再慢慢升温。

3.3 色谱分离技术

一、实验目的

（1）掌握色谱法（柱层析和薄层色谱）的基本原理。
（2）学会用薄层色谱法来跟踪有机反应。

二、色谱分离技术简介

色谱法（chromatography）又称层析法，是 20 世纪初在研究植物色素分离时发现的一种物理的分离分析方法。起初色谱法用于有色化合物如叶绿素等的分离，目前已发展成为分析混合物组分或纯化各种类型物质的特殊技术。

色谱法的特点是集分离、分析于一体，简便、快速、微量。它解决了许多其他分析方法所不能解决的问题，在医药、卫生、生化、天然有机化学等学科有广泛的应用。随着电子计算机技术的迅速发展，出现了全自动气相色谱仪、高效液相色谱仪等，使色谱法这一分离分析技术的灵敏度以及自动化程度不断提高。

色谱法的应用主要有以下几个方面：

（1）分离混合物。含有多种组分的混合物样品，无须事先用其他化学方法消除干扰，即可直接进行分离。其分离能力之强可将有机同系物及同分异构体加以分离。

（2）精制、提纯有机化合物。可用色谱法将化合物中含有的少量结构类似的杂质除去，达到色谱纯度。

（3）鉴定化合物。可利用化合物的物理常数如 R_f 值，将未知物与已知物进行对照，初步判断性质相似的化合物是否为同一种物质。

（4）观察化学反应进行的程度。利用简便、快速的薄层色谱法观察色点的变化，以证明反应是否完成。

凡色谱都有两相。一相是固定的，称为固定相；另一相是流动的，称为流动相。原理是利用混合物中各组分在不同的两相中溶解、吸附或其他亲和作用的差异，当流动相流经固定相时，使各组分在两相中反复多次受到上述各种力的作用而得到分离。

色谱法可以有几种分类方法。

（1）按其分离过程的原理可分为：吸附色谱法、分配色谱法、离子交换色谱法等。

（2）按固定相或流动相的物理状态可分为：液-固色谱法、气-固色谱法、气-液色谱法、液-液色谱法等。

（3）按操作形式不同可分为：柱色谱法（column chromatography）、薄层色谱法（thin layer chromatography，TLC）和纸色谱法（paper chromatography）等。借助薄层色谱或纸色谱，可以摸索柱色谱的分离条件（如吸附剂、展开剂的选择），然后利用柱色谱较大量地分离和制备化合物。同时,柱色谱中也要利用薄层色谱与纸色谱以鉴定、分析分段收集洗脱液中的各组分。

三、柱色谱法

柱色谱可分为分配柱色谱和吸附柱色谱。实验中常采用吸附柱色谱。

图 3-21 所示为用来分离混合物的柱色谱装置图。柱内装有固定相(氧化铝或硅胶等),将少量样品溶液放在顶部,然后让流动相(洗脱剂)通过柱,移动的液相带着混合物的组分下移,各组分在两相间连续不断地进行吸附、脱附、再吸附、再脱附的过程。由于不同的物质与固定相的吸附能力不同,各组分将以不同的速率沿柱下移。不易吸附的化合物比吸附力大的化合物下移得快些。

当混合物被分离开以后,可采用下列方法予以收集:

(1) 将柱内固体挤出,把含有所需层带的固体部分切割下来,再用适当溶剂萃取。

(2) 让洗脱剂不断流经柱,柱下方由不同容器收集不同时间洗脱下来的组分,然后将溶剂蒸去。

有色物质流经柱时,层带可直接观察到;对于无色物质,可通过加入显色剂或利用照射紫外光时有荧光出现加以区别。

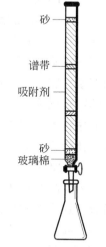

图 3-21 柱色谱装置

利用柱色谱法分离混合物,其分离效果受以下多种因素的影响。

1) 吸附剂的选择

进行柱色谱分离时,首先应考虑选择合适的吸附剂。常用的吸附剂有氧化铝、硅胶、氧化镁、碳酸钙、活性炭等。一般要求吸附剂:①有大的表面积和一定的吸附能力;②颗粒均匀,且在操作过程中不碎裂,不起化学反应;③对待分离的混合物各组分有不同的吸附能力。现已发现供柱色谱法用的固体吸附剂与极性化合物结合能力的顺序为:纸<纤维素<淀粉<糖类<硅酸镁<硫酸钙<硅酸<硅胶<氧化镁<氧化铝<活性炭。

2) 洗脱剂的选择

在吸附色谱中,洗脱剂一般应符合下列条件:①纯度要合格,即无论使用单一溶剂作洗脱剂还是使用混合溶剂作洗脱剂,其杂质的含量一定要低;②洗脱剂与样品或吸附剂不发生化学反应;③黏度小,易流动,否则洗脱太慢;④对样品各组分的溶解度有较大差别,且洗脱剂的沸点不宜太高,一般在 40~80℃ 之间。通常,根据被分离物质各组分的极性、溶解度和吸附剂活性三方面综合考虑。一般而言,极性化合物用极性洗脱剂洗脱,非极性化合物用非极性洗脱剂洗脱效果好。对于组分复杂的样品,首先使用极性最小的洗脱剂,使最易脱附的组分分离,然后加入不同比例的极性溶剂配成洗脱剂,将极性较大的化合物自色谱柱洗脱下来。常用的洗脱剂按其极性的增大顺序可排列如下:石油醚(低沸点<高沸点)<环己烷<四氯化碳<甲苯<二氯甲烷<三氯甲烷<乙醚<甲乙酮<二氧六环<乙酸乙酯<乙酸甲酯<正丁醇<乙醇<甲醇<水<吡啶<乙酸。

值得指出的是,要找到最佳的分离条件往往不容易,较为方便的方法是参考前人工作中类似化合物的分离条件,或用薄层色谱摸索出的分离条件供柱色谱参考。

3)操作方法

利用色谱柱进行色谱分离,其操作程序可分为装柱、加样、洗脱、收集4个步骤,对于每一步工作,都需要小心、谨慎地对待。

(1) 装柱

柱装得好坏,直接影响到分离效果。可采用干法和湿法两种方法装柱。干法装柱是首先将干燥的吸附剂经漏斗,均匀地成一细流慢慢装入柱内,中间不应间断,时时轻轻敲打玻璃管,使柱填得尽可能均匀,适当的紧密。然后加入溶剂,使吸附剂全部润湿。此法装柱的缺点是容易使柱中混有气泡。湿法装柱可避免此缺点,其方法是用洗脱剂和一定量的吸附剂调成浆状,慢慢倒入柱中。此时,应将柱的下端活塞打开,使溶剂慢慢流出,吸附剂即渐渐沉于柱底。这样做,柱装得比干法装柱紧密、均匀。无论采用哪种方法,都不能使柱中有裂缝或有气泡。柱中所装吸附剂的用量,一般为被分离样品的量的30~50倍。若待分离的样品中各组分性质比较相近,则吸附剂的用量应更大些,甚至可增大至100倍。柱高和柱直径之比约为7.5∶1。

(2) 加样

若样品为液体,一般可直接加样。若样品为固体,则须将固体溶解在一定量的溶剂中,沿管壁加入至柱顶部。要小心,勿搅动表面。溶解样品的溶剂除了要求其纯度应合格、与吸附剂不起化学反应、沸点不能太高等条件外,还须具备:①溶剂的极性比样品的极性小一些,若溶剂极性大于样品的极性,则样品不易被吸附剂吸附;②溶剂对样品的溶解度不能太大,若溶解度太大,易影响吸附;也不能太小,否则,溶液体积增加,易使色谱分散。样品溶液加毕后,开放活塞,使液体渐渐流出,至溶剂液面刚好与吸附剂表面相齐(勿使吸附剂表面干燥),此时样品液集中在柱顶端的小范围区带,即可开始用溶剂洗脱。

(3) 洗脱

在洗脱过程中注意:①应连续不断地加入洗脱剂,并使液面保持一定高度,使其产生足够的压力提供平稳的流速;②在整个操作过程中不能使吸附柱的表面流干,一旦流干后再加洗脱剂,易使柱中产生气泡和裂缝,影响分离;③应控制流速,若流速太快,则柱中交换来不及达到平衡,影响分离效果;若流速太慢,会延长整个操作时间,而且对某些表面活性较大的吸附剂如氧化铝来说,有时会因样品在柱上停留时间过长,而使样品成分有所改变。

(4) 收集

如果样品各组分有颜色,在柱上分离的情况可直接观察出来,分别收集各个组分即可。在多数情况下化合物无颜色,一般采用多份收集,每份收集量要小,对每份洗脱液,采用薄层色谱或纸色谱作定性检查。根据检查结果,可将组分相同的洗脱液合并后蒸去溶剂,留待作进一步的结构分析。对于组分重叠的洗脱液可以再进行色谱分离。

四、薄层色谱法

1. 基本原理

薄层色谱法(TLC)是把吸附剂或支持剂铺在玻璃板上,将样品点在其上,然后用溶剂展开,使样品中各个组分相互分离的方法。这是一种简便、快速、微量的分离分析技术,其应用范围非常广泛。

根据分离原理的不同,TLC可分为吸附薄层色谱、分配薄层色谱和离子交换薄层色谱等。

对于吸附薄层色谱来说，被分离物质的分子同时受到吸附剂的吸附和溶剂的溶解作用。由于混合物中不同物质与吸附剂（固定相）之间的吸附力不同，以及不同物质在溶剂（流动相）中的溶解度不同，因此，当这种吸附和溶解（解吸）达到平衡时，不同的物质在固定相和流动相之间便具有不同的质量分配比或平衡常数（K）。随着固定相和流动相的连续不断地相对移动，物质在固定相和流动相之间的平衡状态将会不断地被打破和重新建立，物质也因此而随着流动相的运动而移动。那些与吸附剂吸附力小、在流动相中溶解度大的物质将移动得较快；相反，那些与吸附剂吸附力较大、在流动相中溶解度较小的物质则移动得较慢。这样，不同的物质便由于其移动速度的不同而得到分离。

物质在薄层板上移动速度常用 R_f 值（比移值）表示，其定义是：

$$R_f = \frac{\text{样品原点中心到斑点中心的距离}}{\text{样品原点中心到溶剂前沿的距离}}$$

影响 R_f 值的因素很多，如薄层的厚度，吸附剂的种类、粒度、活度（吸附能力），展开剂的纯度、组成及挥发性，展开方式（上行或下行），层析缸的形状、大小及饱和程度，外界温度等。但是，在固定的条件下，某化合物的 R_f 值是一个常数。因此，在条件完全相同的情况下，R_f 值可以作为鉴定和检出该化合物的指标，就像测定熔点或其他物理常数一样。为了获得相同的色谱条件，通常把未知样和标准样同时滴加在同一块薄板上。

1) 吸附剂和支持剂

吸附色谱中最常用的吸附剂有硅胶和氧化铝，粒度一般为 150～300 目，其次是聚酰胺和纤维素，其粒度一般分别为 70～140 目和 160～200 目。氧化铝的极性比硅胶大，比较适合分离极性较小的化合物（烃、醚、醛、酮、卤代烃等），因为极性化合物被氧化铝较强烈地吸附，分离较差，R_f 值较小。相反，硅胶适用于分离极性较大的化合物（羧酸、醇、胺等），而非极性化合物在硅胶板上吸附较弱，分离较好，R_f 值较大。

当给一些吸附剂的表面负载上特殊的固定液时，吸附剂便成为分配色谱中的支持剂。常用的支持剂有硅胶、硅藻土、纤维素等。常用固定相是水、甲酰胺、石蜡油和纤维素等。

2) 展开剂及其选择

选择展开剂一般需要根据吸附剂的种类、活度和被分离混合物的组成及各成分的性质的具体情况而定。一般的原则是，被分离物质和展开剂之间的极性关系应符合"相似相溶原理"，也就是说，被分离物质的极性较小，展开剂的极性也就较小，被分离物质的极性较大，展开剂的极性也就较大。在确定出展开剂的大致范围之后，可以通过实际的薄层试验进行筛选和最后确定。比较简单的试验方法之一是微圆环技术。

常用溶剂作为展开剂的极性大小顺序为：

石油醚＜环己烷＜四氯化碳＜三氯乙烯＜苯＜甲苯＜二氯甲烷＜氯仿＜乙醚＜乙酸乙酯＜乙酸甲酯＜丙酮＜正丙醇＜甲醇＜吡啶＜酸。

在更多的情况下，很难找到理想的单一溶剂的展开剂。此时，常用两种或两种以上的混合溶剂作为展开剂。下面是一些常用混合溶剂的极性顺序：

苯-氯仿（1∶1，体积比，下同）＜环己烷-乙酸乙酯（8∶2）＜氯仿-丙酮（95∶5）＜苯-丙酮（9∶1）＜苯-乙酸乙酯（8∶2）＜氯仿-乙醚（9∶1）＜苯-甲醇（95∶5）＜苯-乙醚（6∶4）＜环己烷-乙酸乙酯(1∶1)＜氯仿-乙醚(8∶2)＜氯仿-甲醇(99∶1)＜苯-甲醇(9∶1)＜氯仿-丙酮(85∶15)＜苯-乙醚(4∶6)＜苯-乙酸乙酯(1∶1)＜氯仿-甲醇(95∶5)＜氯仿-丙酮(7∶3)＜苯-乙酸乙酯(3∶7)＜苯-乙醚(1∶9)＜乙醚-甲醇(99∶1)＜乙酸乙酯-甲醇(99∶1)＜苯-丙酮(1∶1)＜氯仿-甲醇(9∶1)。

2. 具体操作

1) 薄层板的制备

薄层板制备的好坏直接影响色谱的分离效果。它要求薄层尽量均匀,厚度一致,否则展开时展开溶剂前沿不整齐,色谱结果也不易重复。首先在洗净干燥的玻璃板上,铺上一层均匀的厚度一定的吸附剂,铺层可分为干法和湿法两种。

干法制板常用氧化铝作吸附剂,将氧化铝倒在玻璃上,取直径均匀的一根玻璃棒,将两端用胶布缠好,在玻璃板上滚压,把吸附剂均匀地铺在玻璃板上。这种方法操作简便,展开快,但是样品展开点易扩散,制成的薄板不易保存。

实验室最常用的是湿法制板。称取 3 g 硅胶 G(硅胶＋13％$CaSO_4$)于研钵中,加约 7.5 mL 蒸馏水,立即冲粉调成均匀的糊状,分倒在两块备好的玻璃板上,迅速用玻璃棒涂布整块板面,然后拿住玻璃板的一端在桌边轻轻摇振,并要求表面光滑。大量铺板或铺较大板时,也可使用涂布器。

薄层板制备的好与坏直接影响色谱分离的效果,在制备过程中应注意:

(1) 铺板时,尽可能将吸附剂铺均匀,不能有气泡或颗粒等。

(2) 铺板时,吸附剂的厚度不能太厚也不能太薄,太厚展开时会出现拖尾,太薄样品分不开,一般厚度为 0.5～1 mm。

(3) 湿板铺好后,应放在比较平的地方慢慢自然干燥(约 30 min),千万不要快速干燥,否则薄层板会出现裂痕。

2) 薄层板的活化

薄层板经过自然干燥后,再放入烘箱中活化,进一步除去水分。不同的吸附剂及配方需要不同的活化条件。例如:硅胶一般在烘箱中逐渐升温,在 105～110℃下,加热 30 min;氧化铝在 200～220℃下烘干 4 h 可得到活性为Ⅱ级的薄层板,在 150～160℃下烘干 4 h 可得到活性为Ⅲ～Ⅳ级的薄层板。当分离某些易吸附的化合物时,可不用活化。取出后冷却,在一端距边 1 cm 处轻轻画出标记(在边缘画出刻痕,不可在表面划线),在另一端距边 1.5 cm 处画出标记。完成后备用。

3) 点样

将样品用易挥发溶剂配成1％～5％的溶液。在距薄层板的一端 10 mm 处,用铅笔轻画一条横线作为点样时的起点线,在距薄层板的另一端 5 mm 处,再画一条横线作为展开剂向上爬行的终点线(画线时不能将薄层板表面破坏)。

用内径小于 1 mm、干净并且干燥的毛细管吸取少量的样品,轻轻触及薄层板的起点线(点样),然后立即抬起,待溶剂挥发后,再触及第二次。这样点 3～5 次即可,如果样品浓度低可多点几次。在点样时应做到"少量多次",即每次点的样品量要少一些,点的次数可以多一些,这样可以保证样品点既有足够的浓度点又小。样点直径一般以 2～4 mm 为宜。在定性和定量分析时,同一薄层上的样点直径应一致。点好样品的薄层板待样点上溶剂挥发干净后再放入展开缸中进行展开。

4) 展开

展开时,在展开缸中注入配好的展开剂,将薄层板点有样品的一端放入展开剂中(注意展开剂液面的高度应低于样品斑点)。在展开过程中,样品斑点随着展开剂向上迁移,当展开剂前沿至薄层板上边的终点线时,立刻取出薄层板。将薄层板上分开的样品点用铅笔圈好。

薄层的展开需要在密闭的器皿(如色谱缸、标本缸等)中进行,如图3-22所示。用来展开样品中各组分的溶剂(流动相)称为展开剂。先将展开剂放在色谱缸中,盖上缸盖,让缸内溶剂蒸气饱和5~10 min。再将点好试样的薄层板样点一端朝下放入缸内(切勿使样点浸入溶剂中),盖好缸盖,展开剂因毛细管效应而沿薄层上升,样品中组分随展开剂在薄层中以不同的速度自下而上移动而导致分离。当展开剂前沿上升到样点上方10~15 cm时,取出薄层板,放平,标明溶剂前沿位置,计算比移值。

5) 显色

样品展开后,如果本身带有颜色,可直接看到斑点的位置。但是,大多数有机化合物是无色的,因此,就存在显色的问题。常用的显色方法有以下两种。

(1) 显色剂法。常用的显色剂有碘和三氯化铁水溶液等。许多有机化合物能与碘生成棕色或黄色的络合物。利用这一性质,在一密闭容器中(一般用展开缸即可)放几粒碘,将展开并干燥的薄层板放入其中,稍稍加热,让碘升华,当样品与碘蒸气反应后,薄层板上的样品点处即可显示出黄色或棕色斑点,取出薄层板用铅笔将点圈好即可。除饱和烃和卤代烃外,均可采用此方法。三氯化铁溶液可用于带有酚羟基化合物的显色。

(2) 紫外光显色法。用硅胶GF_{254}制成的薄层板,由于加入了荧光剂,在254 nm波长的紫外灯下,可观察到暗色斑点,此斑点就是样品点。

以上这些显色方法在柱色谱和纸色谱中同样适用。

6) 比移值R_f的计算

化合物甲的$R_f=a/c$,化合物乙的$R_f=b/c$(见图3-23)。

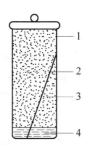

图3-22 直立式层析缸示意图
1—层析缸;2—薄层板;
3—展开剂饱和蒸气;4—展开剂

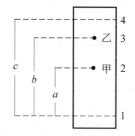

图3-23 R_f值测量法
1—原点;2—色斑甲;
3—色斑乙;4—溶剂前沿

最理想的R_f值为0.4~0.5,良好的分离R_f值为0.15~0.75,如果R_f值小于0.15或大于0.75则分离不好,就要调换展开剂重新展开。一种物质在固定的条件下有固定的R_f值,不同物质在相同的条件下可有不同的R_f值。因此,未知物与已知物(标准物质)在相同条件下进行展开比较R_f值可提供定性依据。

五、纸色谱法

纸色谱是一种分配色谱,滤纸作为载体,纸纤维上吸附的水(一般纤维能吸附 20%～25% 的水分)为固定相,与水不相混溶的有机溶剂为流动相。当样品点在滤纸的一端,放在一个密闭的容器中,使流动相从有样品的一端通过毛细管作用流向另一端时,依靠溶质在两相间的分配系数不同而达到分离。通常极性大的组分在固定相中分配得多,随流动相移动的速度会慢一些;极性小的组分在流动相中分配得多,随流动相移动速度就快一些。与薄层色谱一样,纸色谱也可用比移值(R_f 值),通过与已知物对比的方法,作为鉴定化合物的手段,其 R_f 值计算方法同薄层色谱法。

纸色谱法多数用于多官能团或极性较大的化合物如糖、氨基酸等的分离,对亲水性强的物质分离较好,对亲脂性的物质则较少用纸色谱。利用纸色谱进行分离,所费时间较长,一般需要几小时到几十小时。但由于它具有设备简单、试剂用量少、便于保存等优点,在实验室条件受限时常用此法。

纸色谱的操作方法和薄层色谱类似,分为滤纸和展开剂的选择、点样、展开、显色和结果处理 5 个步骤。其中前两步是做好纸色谱的关键。

1)滤纸的选择与处理

(1)滤纸要质地均匀,平整,无折痕,边缘整齐,以保证展开剂展开速度均一,滤纸应有一定的机械强度。

(2)纸纤维应有适宜的松紧度。太疏松易使斑点扩散;太紧密则流速太慢,所费时间长。

(3)纸质要纯,杂质少,无明显荧光斑点,以免与色谱斑点相混淆。

有时为了适应某些特殊化合物的分离,需将滤纸作特殊处理。如分离酸、碱性物质时为保持恒定的酸碱度,可将滤纸浸于一定的 pH 缓冲溶液中预处理后再用,或在展开剂中加一定比例的酸或碱。在选用滤纸型号时,应结合分离对象考虑。对 R_f 值相差很小的混合物,宜采用慢速滤纸;对 R_f 值相差较大的混合物,则可采用快速或中速滤纸。厚纸载量大,一般供制备或定量用,薄纸则供定性用。

2)展开剂的选择

选择展开剂时,要从欲分离物质在两相中的溶解度和展开剂的极性两方面来考虑。对极性化合物来说,增加展开剂中极性溶剂的比例,可以增大比移值;增加展开剂中非极性溶剂的比例,可以减小比移值。此外,还应考虑到分离的物质在两相中有恒定的分配比,最好不随温度而改变,易达到分配平衡。

分配色谱所选用的展开剂与吸附色谱有很大不同,多采用含水的有机溶剂。纸色谱最常用的展开剂是用水饱和的正丁醇、正戊醇、酚等,有时也加入一定比例的甲醇、乙醇等。加入这些溶剂,可增加水在正丁醇中的溶解度,增大展开剂的极性,增强对极性化合物的展开能力。

3)样品的处理及点样

用于色谱分析的样品,一般需初步提纯,如氨基酸的测定,不能含有大量的盐类、蛋白质,否则互相干扰,分离不清。样品溶于适当的溶剂中,尽量避免用水,因水溶液斑点易扩散,且水不易挥发除去,一般用丙酮、乙醇、氯仿等。最好用与展开剂极性相近的溶剂。若为液体样品,一般可直接点样,点样时用内径约 0.5 mm 的毛细管,或微量注射器吸放试样,轻轻接触滤纸,控制点的直径在 2～3 mm,立即用冷风将其吹干。

4) 展开

纸色谱亦须在密闭的层析缸中展开。层析缸中先加入少量选择好的展开剂,放置片刻,使缸内空间为展开剂所饱和,再将点好样的滤纸放入缸内。同样,展开剂的水平面应在点样线以下约 1 cm。也可在滤纸点好样后,将准备作为展开剂的混合溶剂振摇混合,分层后取下层水溶液作为固定相,上层有机溶剂作为流动相。方法是先将滤纸悬在用有机溶剂饱和的水溶液的蒸汽中,但不和水溶液接触,密闭饱和一定时间,然后,再将滤纸点样的一端放入展开剂中进行展开。这样做的原因有两个:①流动相若没有预先被水饱和,则展开过程中就会把固定相中的水分夺去,使分配过程不能正常进行;②滤纸先在水蒸气中吸附足够量的作为固定相的水分。按展开方式,纸色谱又分为上行法、下行法、水平展开法。

5) 显色与结果处理

当展开剂移动到纸的 3/4 距离时取出滤纸,用铅笔画出溶剂前沿,然后用冷风吹干。通常先在日光下观察,画出有色物质的斑点位置,然后在紫外灯下观察有无荧光斑点,并记录其颜色、位置及强弱,最后利用物质的特性反应喷洒适当的显色剂使斑点显色。按 R_f 值计算公式计算出各斑点的比移值。

3.4 官能团化合物的鉴别实验

一、银氨溶液实验

在试管中加入 0.5 mL 5％的硝酸银溶液,再加 1 滴 5％氢氧化钠溶液,产生大量灰色的氢氧化银沉淀。向试管中滴加 2％氨水溶液直至沉淀恰好溶解为止。在此溶液中加入 2 滴试样或通入乙炔气体 1～2 min,观察有无白色沉淀生成。实验完毕,向试管中加入 1:1 的稀硝酸分解炔化银,因为它在干燥时有爆炸危险。

试样:精制石油醚、环己烯、乙炔。

相关反应:

$$AgNO_3 + 2NaOH \longrightarrow NaNO_3 + AgOH\downarrow (灰色)$$

$$2AgOH \longrightarrow Ag_2O + H_2O$$

$$\xrightarrow{4NH_3 \cdot H_2O} 2[Ag(NH_3)_2]OH + 3H_2O$$

$$R-C\equiv CH + [Ag(NH_3)_2]OH \longrightarrow R-C\equiv CAg\downarrow + 2NH_3 + H_2O$$

二、硝酸银实验

在小试管中加入 5％硝酸银溶液 1 mL,再加入 2～3 滴试样(固体试样先用乙醇溶解),振荡并观察有无沉淀生成。如立即产生沉淀,则试样可能为苄基卤、烯丙基卤或叔卤代烃。如无沉淀生成,可加热煮沸片刻再观察,若生成沉淀,则加入 1 滴 5％硝酸并摇振,沉淀不溶解者,试样可能为仲或伯卤代烃。如加热仍不能生成沉淀,或生成的沉淀可溶于 5％的硝酸,则试样可能为乙烯基卤或卤代芳烃或同碳多卤代化合物。

试样:正氯丁烷、仲氯丁烷、叔氯丁烷、正溴丁烷、溴苯、溴苄、氯仿。

相关反应：

$$RX + AgNO_3 \longrightarrow RONO_2 + AgX\downarrow$$

实验原理及可能的干扰：本实验的反应为 SN_1 反应，卤代烃的活泼性取决于烃基结构。最活泼的卤代烃是那些在溶液中能形成稳定的碳正离子和带有良好离去基团的化合物。当烃基不同时，活泼性次序如下：

$$\text{C}_6\text{H}_5\text{—CH}_2\text{X} \approx \text{C=C(CH}_2\text{X)} > R_3CX > R_2CHX > RCH_2X > CH_3X \gg$$

$$\text{C=C(X)} \approx \text{C}_6\text{H}_5\text{—X}$$

故苄基卤、烯丙基卤和叔卤代烃不经加热即可迅速反应；仲及伯卤代烃须经加热才能反应；乙烯基卤、卤代芳烃和在同一碳原子上多卤取代的化合物即使加热也不反应。

当烃基相同而卤素不同时，活泼性次序为：$RI > RBr > RCl > RF$。

氢卤酸的铵盐、酰卤也可与硝酸银溶液反应立即生成沉淀，可能干扰本实验。羧酸也能与硝酸银反应，但羧酸银沉淀溶于稀硝酸，不致形成干扰。

三、Lucas 实验

Lucas 试剂的配制：将无水氯化锌在蒸发皿中加强热熔融，稍冷后放入干燥器中冷至室温，取出捣碎，称取 34 g，溶于 23 mL 浓盐酸（$d = 1.187$）中。配制过程中须加以搅动，并把容器放在冰水浴中冷却，以防止 HCl 大量挥发。

伯、仲叔醇的鉴定：在小试管中加入 5～6 滴样品及 2 mL Lucas 试剂，塞住管口振荡后静置观察。若立即出现浑浊或分层，则样品可能为苄基、烯丙型醇或叔醇；若静置后仍不见浑浊，则放在温水浴中温热 2～3 min，振荡后再观察，出现浑浊并最后分层者为仲醇，不发生反应者为伯醇。

样品：正丁醇、仲丁醇、叔丁醇、正戊醇、仲戊醇、叔戊醇、苄醇。

相关反应：

$$ROH + HCl \xrightarrow{ZnCl_2} RCl + H_2O$$

实验原理与局限：醇羟基被氯离子取代，生成的氯代烃不溶于水而产生浑浊。反应的速度取决于烃基结构。苄醇、烯丙型醇和叔醇立即反应；仲醇需温热引发才能反应；伯醇在实验条件下无明显反应。氧化锌的作用是与醇形成𬭩盐，以促使 C—O 的断裂。多于 6 个碳原子的醇不溶于水，故不能用此法检验。甲醇、乙醇所生成的氯代烃具较大挥发性，亦不适于此法。本实验的关键在于尽可能保持 HCl 的浓度。为此，所用器具均应干燥，配制试剂时用冰水浴冷却，加热反应时温度不宜过高，以防止 HCl 大量逸出。

四、氯化铁实验

在试管中加入 0.5 mL 1% 的样品水溶液或稀乙醇溶液，再加入 2～3 滴 1% 的三氯化铁水溶液，观察各种酚所表现的颜色。

样品：苯酚、水杨酸、间苯二酚、对苯二酚、邻硝基苯酚、苯甲酸。

相关反应(以苯酚为例):

$$C_6H_5OH + FeCl_3 \longrightarrow 3HCl + [Fe(OC_6H_5)_6]^{3-} + 3H^+$$

实验原理及局限:酚类与 Fe^{3+} 络合,生成的络合物电离度很大而显现出颜色。不同的酚,其络合物的颜色大多不同,常见者为红、蓝、紫、绿等色。间羟基苯甲酸、对羟基苯甲酸、大多数硝基酚类无此颜色反应。α-萘酚、β-萘酚及其他一些在水中溶解度太小的酚,其水溶液的颜色反应不灵敏或不能反应,必须使用乙醇溶液才可观察到颜色反应。有烯醇结构的化合物也可与三氯化铁发生颜色反应,反应后颜色多为紫红色。

五、碘仿实验

碘-碘化钾溶液的配制:将 20 g 碘化钾溶于 100 mL 蒸馏水中,然后加入 10 g 研细的碘粉,搅动至全溶,得深红色溶液。

鉴定实验:向试管中加入 1 mL 蒸馏水和 3~4 滴样品(不溶或难溶于水的样品用尽量少的二氧六环溶解后再滴加),再加入 1 mL 10% 氢氧化钠溶液,然后滴加碘-碘化钾溶液并摇动,反应液变为淡黄色。继续摇动,淡黄色逐渐消失,随之出现浅黄色沉淀,同时有碘仿的特殊气味逸出,则表明样品为甲基酮。若无沉淀析出,可用水浴温热至 60℃ 左右,静置观察溶液的淡黄色已经褪去但无沉淀生成,应补加几滴碘-碘化钾溶液并温热后静置观察。

样品:乙醛水溶液、乙醇、丙酮、正丁醇、异丙醇。

相关反应:

$$RCOCH_3 + 3NaIO \longrightarrow RCOCI_3 + 3NaOH$$
$$\xrightarrow{NaOH} RCOONa + CHI_3 \downarrow$$

实验原理及适用范围:甲基酮的甲基氢原子被碘取代,生成的三碘甲基酮在碱性水溶液中转化为少一个碳原子的羧酸盐,同时生成碘仿。碘仿不溶于水而呈沉淀析出。

具有 α-羟乙基(CH_3CH-)结构的化合物易被次碘酸氧化为甲基酮,因而在本实验中也呈阳性结果。

六、亚硫酸氢钠实验

在试管中加入 2 mL 乙酰乙酸乙酯和 0.5 mL 饱和亚硫酸氢钠溶液,振荡 5~10 min,析出胶状沉淀则表明有酮式结构存在。再向其中加入饱和碳酸钠溶液,振荡后沉淀消失。

七、氢氧化亚铁实验

硫酸亚铁溶液的配制:取 25 g 硫酸亚铁铵和 2 mL 浓硫酸加入 500 mL 煮沸过的蒸馏水中,再放入一根洁净的铁丝以防止氧化。

氢氧化钾醇溶液的配制:取 30 g 氢氧化钾溶于 30 mL 水中,将此溶液加到 200 mL 乙醇中。

鉴定操作:在试管中放入 4 mL 新配制的硫酸亚铁溶液,加入 1 滴液体样品或 20~30 mg 固体样品,然后再加入 1 mL 氢氧化钾乙醇溶液,塞住试管口振荡,若在 1 min 内出现棕红色氢氧化铁沉淀,表明样品为硝基化合物。

实验原理及可能的干扰:硝基化合物能把亚铁离子氧化成铁离子,使之以氢氧化铁沉淀形式析出,而硝基化合物则被还原成胺。所有的硝基化合物都有此反应。但具有氧化性的化合物如亚硝基化合物、醌类、羟胺等也都有此反应,可能对本实验形成干扰。

4 有机化合物的普通制备实验

4.1 环己烯的制备

一、实验目的

(1) 了解以浓磷酸催化环己醇脱水制取环己烯的原理和方法。
(2) 掌握分馏的基本操作、分液漏斗的使用、液体的洗涤与干燥。

二、实验原理

烃类化合物是合成其他有机化合物的最基本的原料之一,简单烯烃如乙烯、丙烯和丁二烯主要由石油裂解得到。实验室制备烯烃主要采用醇的脱水及卤代烷脱卤化氢两种方法。

本实验选用浓磷酸为催化剂,环己醇为原料,经脱水制备环己烯。

主反应:

$$\underset{H}{\overset{OH}{\bigcirc}} \xrightarrow[\triangle]{85\%H_3PO_4} \bigcirc + H_2O$$

副反应:

$$2\underset{H}{\overset{OH}{\bigcirc}} \xrightarrow{85\%H_3PO_4} \bigcirc-O-\bigcirc + H_2O$$

主反应是可逆的,为了促使正反应完成,必须不断地将反应生成的低沸点烯烃蒸出来。由于高浓度的酸会导致烯烃的聚合、分子间的失水及碳化,故常伴有副产物的生成。

三、仪器与试剂

仪器:电加热器,分馏柱,50 mL 圆底烧瓶,蒸馏头,温度计,直型冷凝管,尾接管,锥形瓶等。

试剂:环己醇 10 mL(9.6 g,约 0.1 mol),磷酸(85%)5 mL,饱和食盐水,无水氯化钙。

四、物理常数及性质

环己醇:相对分子质量 100.16,沸点 161.1℃,折光率 $n_D^{20}=1.4641$,相对密度 0.9642。无色油状吸湿性液体,微溶于水,溶于乙醇、乙酸乙酯、乙醚、芳烃、丙酮和氯仿等大多数有机溶剂。有类似樟脑的气味,低毒,有刺激性。

环己烯：相对分子质量 82.16，沸点 82.98℃，相对密度 0.8098，折光率 $n_D^{20}=1.4465$。微溶于水，溶于乙醇、乙醚。本品高度易燃，具有刺激性。

五、实验步骤

安全预防：磷酸虽然比硫酸安全，但是仍有腐蚀性，避免直接接触，如有溅出应立即清理干净。环己醇和环己烯都有令人不快的气味和刺激性，请保持好通风。

1) 准备工作

在干燥的 50 mL 圆底烧瓶中，加入 10 mL 环己醇（环己醇室温下非常黏稠，量筒内的环己醇难以倒净，会影响产率，若采用称量法可避免损失）和 5 mL 85% 磷酸[1]，充分振荡均匀，使之充分混溶[2]，加几粒沸石，用电加热器为热源，如图 4-1 所示，安装分馏装置。一定要确定密封完好——如果密封不好，环己烯会从装置中泄漏出来，使产量损失，同时其他同学闻到讨厌的环己烯气味也会大声抱怨！

图 4-1 环己烯的制备装置

2) 反应

用小火慢慢加热混合物至沸腾，调节加热器温度，使产生的气雾缓慢上升，经历 10～15 min 升至柱顶，再次调节并稳定加热强度，使馏出液流出速度为每 2～3 s 一滴。反应前段温度会缓缓上升，控制分馏柱顶部温度不超过 73℃[3]，慢慢地蒸出生成的环己烯和水，直至无馏出液流出，提高反应温度，继续蒸馏，当圆底烧瓶中只剩少量液体（1～2 mL）时，即可停止加热。

3) 粗产品后处理

将馏出液倒入分液漏斗中，用等体积的饱和食盐水洗涤（液体的洗涤见萃取和洗涤部分），分去水层[4]。将上层粗产物转移至干燥的小锥形瓶中，用 1～2 g 无水氯化钙干燥（尽量取黄豆粒大小的块状），振荡后让其静置至少 10 min，其间不时地振荡。如果你成功地除去了水，则液体会澄清透明。

4) 产品的蒸馏提纯

将干燥好的粗产物小心地倒入 50 mL 磨口圆底烧瓶中（切勿将固体干燥剂倒入），加几粒沸石，进行蒸馏[5]，用事先称重好的锥形瓶做接收器，收集 82～85℃ 馏分[6]。正常情况下，在圆底烧瓶内应仅剩少量的残留物，但一定不能蒸干。

5) 称重

将最后蒸馏出来的环己烯连同锥形瓶一起称重，减去空锥形瓶的质量，就得到了制得的环己烯的质量。

6) 储存

因后续还有其他实验会用到环己烯（比如己二酸的制备），我们不要将产品随意倒掉，统一存放在密闭、有标记的试剂瓶中。

实验所需时间：4 h。

六、注释

[1] 也可用浓硫酸代替磷酸,但容易在反应中碳化和放出有刺激气味的二氧化硫气体。

[2] 磷酸和环己醇必须充分混合,振荡均匀,避免在加热时可能产生局部碳化现象。在加热时温度不宜过高,蒸馏速度不宜过快,以每 2~3 s 一滴为宜。以减少未作用的环己醇蒸出。

[3] 反应中环己醇和水、环己烯和水皆形成二元恒沸混合物:

恒沸混合物	沸点/℃		恒沸物的组成/%
	组分	恒沸物	
环己醇 水	161.5 100.0	97.8	~20.0 ~80.0
环己烯 水	83.0 100.0	70.8	90 10

[4] 水层应尽可能分离完全,以减少无水氯化钙的用量。

[5] 蒸馏所用仪器应充分干燥。

[6] 如果 80℃ 以下时已蒸出较多前馏分,应将前馏分收集起来,重新干燥后再蒸馏。这可能是无水氯化钙用量过少或干燥时间太短,粗产物中的水分未除尽。

七、思考题

(1) 制备环己烯过程中,为什么要控制分馏柱顶部的温度?

(2) 干燥粗环己烯时,选用无水氯化钙为干燥剂,除吸收少量水外还有什么作用?

(3) 粗制的环己烯中,加入食盐使水层饱和的目的是什么?

八、数据记录及数据处理参考

(1) 原始数据:纯产品的颜色和状态,最后纯产品的质量(实际产量)。

(2) 数据处理:产品的理论产量(根据主反应方程式计算得来),产率百分数=实际产量/理论产量×100%。

4.2 溴乙烷的制备

一、实验目的

(1) 学习以醇为原料制备卤代烃的方法和原理。

(2) 掌握低沸点有机物蒸馏的基本操作和分液漏斗的使用。

二、实验原理

卤代烃可由醇与氢卤酸发生亲核取代反应来制备。溴乙烷是通过乙醇与氢溴酸反应而制得。氢溴酸可用溴化钠与浓硫酸作用生成。适当过量硫酸可使平衡向右移动,并且使乙醇质子化,易发生取代反应。本反应是可逆反应,为了使反应平衡向右移动,可适当过量乙醇和起吸水作用的浓硫酸,并且将反应中生成的低沸点的溴乙烷及时地从反应混合物中蒸馏出去,以促进取代反应的进行。

主反应:
$$NaBr + H_2SO_4 \longrightarrow HBr + NaHSO_4$$
$$C_2H_5OH + HBr \longrightarrow C_2H_5Br + H_2O$$

副反应:
$$2C_2H_5OH \longrightarrow C_2H_5OC_2H_5 + H_2O$$
$$C_2H_5OH \longrightarrow CH_2{=\!=}CH_2 + H_2O$$
$$2HBr + H_2SO_4 \longrightarrow Br_2 + SO_2 + 2H_2O$$

粗产品中含有未反应的醇和副反应生成的醚,用浓硫酸洗涤可将它们除去。因为二者能与浓硫酸形成𬭩盐。

三、仪器与试剂

仪器:100 mL 及 50 mL 圆底烧瓶,蒸馏头,直形冷凝管,锥形瓶,尾接管,温度计,75°蒸馏弯头。

试剂:95%乙醇 10 mL(7.9 g,0.165 mol),溴化钠 13 g(0.126 mol),浓硫酸($d=1.84$)19 mL(0.34 mol),饱和亚硫酸氢钠溶液。

四、物理常数及性质

乙醇:相对分子质量 46.07,无色透明液体。有令人愉快的气味和灼烧味,易挥发,能与水和其他多数有机溶剂混溶。相对密度 0.81,沸点 78.4℃,易燃。

溴乙烷:相对分子质量 108.97,无色油状液体,有类似乙醚的气味和灼烧味,露置空气或见光逐渐变为黄色,易挥发,能与乙醚、乙醇、氯仿和多数有机溶剂混溶,微溶于水。相对密度 $d_4^{20}=1.4612$,沸点 38.2℃,折光率 $n_D^{20}=1.4242$。蒸气有毒,浓度高时有麻醉作用,能刺激呼吸道。

五、实验步骤

安全预防:浓硫酸与水混合时会放出大量的热,因此一定要注意是硫酸往水里加,混合时一定要记住三个字:"慢、冷、摇",慢慢地加,加一点摇一摇,同时冷却容器外壁。浓硫酸还具有强腐蚀性,一旦沾到手上,马上用大量水冲洗。溴乙烷沸点很低而且有毒,如果你恰巧发烧了,千万不要用手长时间紧握装溴乙烷的容器底部,你的体温或许就会使它蒸发的。

1) 准备工作

在 100 mL 圆底烧瓶中先加入 9 mL 水,在冷却和不断摇荡下,慢慢加入 19 mL(0.34 mol)浓硫酸,同时用冷水浴冷却烧瓶,待烧瓶冷却近室温后再加入 10 mL 乙醇,摇匀后加入研细的 13 g(0.126 mol)溴化钠。注意加溴化钠时不要使其沾在瓶口,这样会影响装置的气密性。可以在加 10 mL 乙醇时剩下少许的乙醇,万一有溴化钠沾在瓶口,可用剩下的乙醇将其冲进去。还要注意不要使溴化钠结块。最后再加入 2 粒沸石,按图 4-2 安装反应装置。溴乙烷沸点很低,极易挥发。为了避免损失,在接收器锥形瓶中加入冷水及 5 mL 饱和亚硫酸氢钠溶液[1]，并将锥形瓶放在装有冷水的大烧杯中冷却，使尾接管的末端刚浸没在锥形瓶里的液面下[2]。

2）反应

先用低电压小火加热，使反应液微微沸腾，在反应的前 30 min 尽可能不蒸出或少蒸出馏分，30 min 后加大电压，进行蒸馏，直到无溴乙烷流出为止。（随反应进行，反应混合液开始有大量气体出现，此时一定控制加热强度，以免烧瓶中的液体暴沸和大量溴化氢气体逸出）。可用盛有水的小烧杯检查有无油状溴乙烷滴出。馏出物为乳白色油状物，沉于瓶底[3]。

3）粗产品洗涤

将锥形瓶中的液体倒入分液漏斗，静止分层后，将下面的粗溴乙烷转移至干燥的锥形瓶中。在冷水冷却下，小心加入 4 mL 浓硫酸，边加边摇动锥形瓶进行冷却（一定要慢、冷、摇，而且容器都要干燥的，否则浓硫酸放出的热足以将你辛辛苦苦制得的溴乙烷蒸发掉）。用干燥的分液漏斗分出下层浓硫酸。将上层溴乙烷从分液漏斗上口倒入 50 mL 圆底烧瓶中。

4）产品的蒸馏提纯

在圆底烧瓶中加入几粒沸石，按图 4-3 安装蒸馏装置进行蒸馏。由于溴乙烷沸点很低，接收用的锥形瓶（事先称重）也要在冷水中冷却。接收 37～40℃ 的馏分。

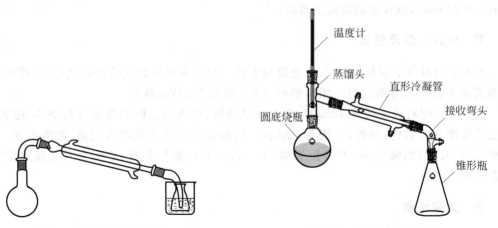

图 4-2　溴乙烷反应装置　　　　　　图 4-3　溴乙烷蒸馏装置

5）称重

将最后蒸馏出来的溴乙烷连同锥形瓶一起称重，减去空锥形瓶的质量，就得到了你制得的溴乙烷的质量。

6）实验结束

由于溴乙烷具有毒性，因此应在实验指导教师的安排下统一倒入指定密闭容器。

实验所需时间：4 h。

六、注释

［1］加热不均或过热时，会有少量的溴单质分解出来使蒸出的溴乙烷油层呈现棕黄色。加亚硫酸氢钠溶液即可将溴单质还原成无色的溴离子。

[2] 在反应过程中应密切注意防止接收器中的液体发生倒吸而进入冷凝管或烧瓶。一旦发生此现象,应暂时把接收器放低,使尾接管的下端露出液面,然后稍稍加大火焰,待有馏出液出来时再恢复原状。反应结束时,先移开接收器,再停止加热。

[3] 反应结束后,应趁热将残液倒出,以免残液冷却后结块,不易倒出。

七、思考题

(1) 在制备溴乙烷时,反应混合物中如果不加水,会有什么结果?
(2) 粗产物中可能有什么杂质?如何除去?
(3) 本实验得到的产物溴乙烷的产量往往不高,试分析有几种可能的影响因素?
(4) 考虑加药品的顺序为什么是这样的?不按这个顺序加会有什么影响?

4.3 1-溴丁烷的制备

一、实验目的

(1) 了解以正丁醇、溴化钠和浓硫酸为原料制备1-溴丁烷的基本原理和方法。
(2) 掌握带有害气体吸收装置的加热回流操作。
(3) 进一步熟悉巩固洗涤、干燥和蒸馏操作。

二、实验原理

1-溴丁烷的制备与溴乙烷制备的原理相同。

实验室用正丁醇与氢溴酸发生取代反应制备1-溴丁烷,氢溴酸可用溴化钠和浓硫酸反应制取。

主反应:

$$NaBr + H_2SO_4 \longrightarrow HBr + NaHSO_4$$

$$n\text{-}C_4H_9OH + HBr \rightleftharpoons n\text{-}C_4H_9Br + H_2O$$

醇与氢溴酸的反应是可逆反应。为了促使平衡向右移动(即向生成1-溴丁烷的方向移动),可采取下列方法:①增加其中一种反应物浓度;②设法使反应产物离开反应体系;③增加反应物浓度和减少产物两种方法并用。在本实验中,我们采取溴化钠与硫酸过量的方法来促使平衡向生成1-溴丁烷的方向移动。

因反应中用到浓硫酸,故可能的副反应有:

$$CH_3CH_2CH_2CH_2OH \xrightarrow{\text{浓}H_2SO_4} CH_3CH_2CH=CH_2 + H_2O$$

$$2CH_3CH_2CH_2CH_2OH \xrightarrow{\text{浓}H_2SO_4} (CH_3CH_2CH_2CH_2)_2O + H_2O$$

$$2HBr + H_2SO_4 \xrightarrow{\triangle} Br_2 + SO_2 + 2H_2O$$

$$\xrightarrow{H_2O} H_2SO_3$$

反应中,为防止反应物正丁醇及产物 1-溴丁烷逸出反应体系,反应采用回流装置。由于 HBr 有毒害且 HBr 气体难以冷凝,为防止 HBr 逸出,污染环境,需安装有害气体吸收装置。回流后再进行粗蒸馏,一方面使生成的产品 1-溴丁烷分离出来,便于后面的分离提纯操作;另一方面,粗蒸过程可进一步使醇与 HBr 的反应趋于完全。

三、仪器与试剂

仪器:电加热器,球形冷凝管,气体吸收装置等。

试剂:正丁醇 6.2 mL(5 g,0.068 mol),溴化钠 8.3 g(0.08 mol),浓硫酸($d=1.84$)10 mL(0.18 mol),10%碳酸钠溶液,无水氯化钙。

四、物理常数及性质

正丁醇:无色透明液体,具有特殊气味。相对分子质量 74.12,沸点 117.7℃,折光率 $n_D^{20}=1.3992$,相对密度 0.8098。微溶于水,溶于乙醇、乙醚等有机溶剂。

1-溴丁烷:无色或乳白色液体,气味与毒性均与溴乙烷类似。相对分子质量 137.08,沸点 101.6℃,折光率 $n_D^{20}=1.4398$,相对密度 1.27。不溶于水,溶于乙醇、乙醚等有机溶剂。

五、实验步骤

安全预防:注意浓硫酸与水混合的操作。

1) 准备工作

在 50 mL 的圆底烧瓶中加入 10 mL 水,在冷却和振荡下,缓慢加入 10 mL 浓硫酸,待体系冷却后加入 8.3 g 研细的溴化钠和 6.2 mL 正丁醇,可用正丁醇冲掉沾在瓶口的溴化钠,加 1~2 粒沸石后充分摇动,装好回流冷凝管,为防止有害的溴化氢气体逸出,回流冷凝管上端可加装有害气体吸收装置,如图 4-4 所示[1]。由于溴化氢水溶性极好,因此用水作吸收液即可。

2) 反应回流

打开加热电源,沸腾后,调节加热温度,使蒸气上升到回流冷凝管 1 个球肚即可,加热过猛会使反应生成的 HBr 来不及反应就会逸出,另外反应混合物的颜色也会很快变深。操作情况良好时,油层仅呈浅黄色,冷凝管顶端应无明显的 HBr 逸出。从回流开始计时 40 min 后停止反应。

3) 蒸出粗产品

反应完成后,将反应物冷却 5 min。卸下回流冷凝管,再加入 1~2 粒沸石,用 75°弯管连接冷凝管进行蒸馏,如图 4-5 所示。仔细观察馏出液,直到无油滴蒸出为止(可用盛水的小烧杯接几滴馏出液,观察还有无油花)。因烧瓶中的剩余液体冷却后会结块,应将蒸馏后的剩余液体趁热倒入废液桶中。

4) 粗产品后处理

将馏出液倒入分液漏斗中,加 10 mL 水洗涤分出水层,将有机相倒入另一干燥的锥形瓶中,用 3 mL 浓硫酸分两次加入瓶中,每一次都要充分摇匀混合物。如果锥形瓶发热,可用冷水冷却。将混合物慢慢倒入分液漏斗中,静置分层,放出下层的浓硫酸[2]。分液漏斗中剩下的油层分别用 10 mL 水、10 mL 饱和碳酸钠溶液和 10 mL 水洗涤,每洗涤一次就要分液一次[3]。最后将下层的粗 1-溴丁烷放入干燥的锥形瓶中,加 1~2 g 块状的无水氯化钙,干燥 20 min,间歇震荡锥形瓶,直到液体澄清为止。

4 有机化合物的普通制备实验

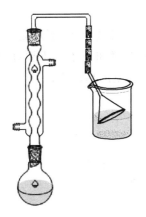

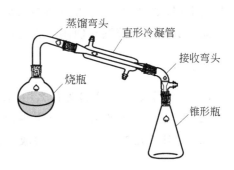

图 4-4 带有害气体吸收的回流反应装置　　　　图 4-5 蒸出粗产品的蒸馏装置

5）产品的蒸馏提纯

将干燥后的澄清产品倒入 50 mL 的圆底烧瓶中（注意勿使氯化钙掉入蒸馏烧瓶中）。加入 1～2 粒沸石，按图 4-6 安装蒸馏装置，用事先称重好的干燥锥形瓶做接收器，蒸馏收集 99～103℃的馏分。

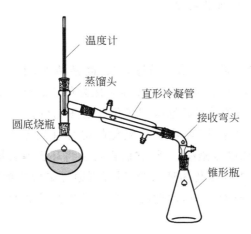

图 4-6 蒸馏提纯装置

6）称重

将最后蒸馏出来的 1-溴丁烷连同锥形瓶一起称重，减去空锥形瓶的质量，就得到了你制得的 1-溴丁烷的质量。

7）实验结束

由于 1-溴丁烷具有毒性，因此应在实验指导教师的安排下统一倒入指定密闭容器。

实验所需时间：6 h。

六、注释

[1] 本实验采用 1∶1 的硫酸，回流时如果保持缓和的沸腾状态，很少有溴化氢气体逸出。如果通风状态良好，可省去气体吸收装置。

[2] 如果粗蒸时蒸出的 HBr 洗涤前未分离除尽，加入浓硫酸后就被氧化生成 Br_2，而使

油层和酸层都变为橙黄色或橙红色。

［3］粗产品处理时涉及多次洗涤，在洗涤前应搞清楚上层是什么，下层是什么，要下层还是要上层，如果拿不准，可以两层都留着，然后用水试一下就知道了。不要在这步操作时将产品误倒掉。分液漏斗使用前也要仔细检查是否漏液，以免产品流失。

七、思考题

(1) 1-溴丁烷制备实验为什么用回流反应装置？
(2) 反应后的粗产物中含有哪些杂质？各步洗涤的目的何在？
(3) 为什么用饱和碳酸钠水溶液洗酸以前，要先用水洗涤？

4.4　己二酸的制备

一、实验目的

(1) 学习用环己醇制备己二酸的原理和方法。
(2) 掌握抽滤、重结晶等操作技能。

二、实验原理

氧化反应是制备羧酸的常用方法。通过硝酸、高锰酸钾、重铬酸钾的硫酸溶液、过氧化氢、过氧乙酸等的氧化作用，可将醇、醛、烯烃等氧化为羧酸。己二酸又称肥酸，是合成尼龙-66 的主要原料之一，可以用硝酸或高锰酸钾氧化环己醇制得。

硝酸和高锰酸钾都是强氧化剂，由于其氧化的选择性较差，故硝酸主要用于羧酸的制备，高锰酸钾氧化的应用范围较硝酸广泛，它们都可以将环己醇直接氧化为己二酸。

反应过程是：环己醇先被氧化为环己酮，后者再通过烯醇式被氧化开环，最终产物是己二酸。氧化反应一般都是放热反应，因此必须严格控制反应条件，既避免反应失控造成事故，又能获得较好的产率。

反应方程式如下[1]：

$$\text{环己醇} \xrightarrow{HNO_3} \text{环己酮} \xrightarrow{HNO_3} \text{己二酸(COOH, COOH)}$$

硝酸在氧化反应过程中被还原的产物先是 NO，NO 极易被空气中的氧气氧化成 NO_2 气体，NO_2 是一种有毒的棕红色气体，而且还是酸雨的成因之一。因此这种经典的制备己二酸的方法不符合绿色化学的发展趋势，在第 5 章中专门探讨了己二酸的绿色合成方法，可供借鉴和参考。

三、仪器与试剂

仪器：温度计，50 mL 圆底烧瓶，布氏漏斗，抽滤瓶等。
试剂：HNO_3 ($d=1.42$) 5 mL (0.08 mol)，环己醇 2.1 mL (2 g, 0.02 mol)。

四、物理常数及性质

环己醇：无色透明油状液体或白色针状结晶。相对分子质量 100.16，沸点 161.1℃，折光率 $n_D^{20}=1.4648$，相对密度 0.96。微溶于水，可溶于大多数有机溶剂。低毒，有刺激性。

己二酸：白色结晶，有骨头烧焦的气味。相对分子质量 146.14，熔点 153℃，沸点 332.7℃，相对密度 1.360。微溶于水，易溶于酒精、乙醚等大多数有机溶剂。

五、实验步骤

安全预防：此氧化反应为放热反应，若环己醇滴加过快，可造成反应大量放热，乃至药品及大量 NO_2 气体冲出反应器，对实验者产生危害。因此实验时必须严格遵照规定的反应条件，在通风橱内进行反应。

1) 准备工作

按图 4-7 安装反应装置，在 50 mL 圆底烧瓶中放一支温度计，其水银球要尽量接近瓶底。用有直沟的单孔软木塞（或橡胶塞）将温度计固定。

图 4-7 己二酸反应装置图

2) 反应

在烧瓶中加 5 mL 水，再加 5 mL 硝酸。将溶液混合均匀，在水浴上加热到 80℃后停止加热，移入通风橱中，然后用滴管加 2 滴环己醇。反应立即开始，温度随即上升到 85~90℃。用滴管小心地逐渐滴加 2.1 mL 环己醇[2]，使温度维持在这个范围内，必要时可用冷水冷却[3]。当环己醇全部加入而且溶液温度降低到 80℃以下时，将混合物在 85~90℃下加热 2~3 min 后停止加热。

3) 产物的结晶、洗涤及称重

待烧瓶稍冷却后放在冰水浴中再进行冷却，将析出的晶体在布氏漏斗上进行抽滤。用滤液洗出烧瓶中剩余的晶体。用 3 mL 冷水淋洗己二酸晶体，抽滤。晶体再用 3 mL 冷水淋洗一次，再抽滤。将晶体置于表面皿（事先称好重量）上，干燥后称重。

实验所需时间：2 h。

六、注释

[1] 计算产率时要注意反应方程式的配平，假定硝酸的还原产物完全是 NO_2。

[2] 环己醇和硝酸切不可用同一量筒量取。

[3] 本实验为强烈放热反应，所以滴加环己醇的速度不宜过快，以免反应过剧。一般可在环己醇中加少许水，一是减少环己醇因黏稠带来的损失，二是避免反应过剧。但也不要使温度低于 85℃，以致反应太慢使未反应的环己醇积聚起来影响产率。

七、思考题

(1) 为什么必须严格控制滴加环己醇的速度和反应物的温度？你是如何控制反应温度的？

(2) 为什么必须在通风橱内进行反应？

4.5 正丁醚的制备

一、实验目的

(1) 掌握醇分子间脱水制备醚的反应原理和实验方法。
(2) 掌握分水器的使用、分液漏斗的使用、液体的洗涤与干燥。

二、实验原理

在实验室和工业上都采用正丁醇在浓硫酸催化剂存在下脱水制备正丁醚。在制备正丁醚时,由于原料正丁醇(沸点 117.7℃)和产物正丁醚(沸点 142℃)的沸点都较高,故可使反应在装有分水器的回流装置中进行,控制加热温度,并将生成的水或水的共沸物不断蒸出。虽然蒸出的水中会夹有正丁醇等有机物,但是由于正丁醇等有机物在水中溶解度较小,相对密度又较水轻,浮于水层之上,因此借分水器可使绝大部分的正丁醇等反应物自动连续地返回反应瓶中,而水则沉于分水器的下部,根据蒸出的水的体积,可以估计反应的进行程度。

主反应:

$$2n\text{-}C_4H_9OH \xrightarrow[135℃]{H_2SO_4} C_4H_9OC_4H_9 + H_2O$$

副反应:

$$C_4H_9OH \xrightarrow[>135℃]{H_2SO_4} CH_3CH_2CH=CH_2 + H_2O$$

三、仪器与试剂

仪器:100 mL 三口瓶,球形冷凝管,分水器,温度计,分液漏斗,电热套等。

试剂:正丁醇 31 mL(25 g,0.34 mol),硫酸(98%)5 mL,50% 硫酸溶液,无水氯化钙。

四、物理常数及性质

正丁醇:相对分子质量 74.12,沸点 117.7℃,相对密度 0.8098,折光率 $n_D^{20}=1.3992$。微溶于水、苯,易溶于丙酮,与乙醇、丙酮可以任何比例混合。20℃时,本品在水中的溶解度(质量分数)为 7.7%。用于制取酯类、塑料增塑剂、医药、喷漆,以及用作溶剂,是一种用途广泛的重要有机化工原料。

正丁醚:相对分子质量 130.23,沸点 142.0℃,相对密度 0.7689,折光率 $n_D^{20}=1.3992$。无色液体,不溶于水,与乙醇、乙醚混溶,易溶于丙酮。本品毒性较小,易燃,有很难闻的刺激性气味。本品常用作树脂、油脂、有机酸、生物碱、激素等的萃取和精制溶剂。

五、实验步骤

安全预防:虽然正丁醚的毒性和危险性小,但值得注意的是它的气味——它极易挥发出类似乙醚的难闻气味,强烈刺激呼吸道等。因此实验时最好戴上防有机蒸气的口罩,或在通风橱中操作。

1) 准备工作

在 100 mL 三口瓶中加入 31 mL 正丁醇,再将 5 mL 浓硫酸慢慢加入瓶中,将三口瓶不停地摇荡,使瓶中的浓硫酸与正丁醇混合均匀,并加入几粒沸石。在烧瓶口上装温度计和分水器,温度计要插在液面以下,分水器的上端接一回流冷凝管[1],如图 4-8(a)所示。(若无须测温可采用图 4-8(b)所示装置。)

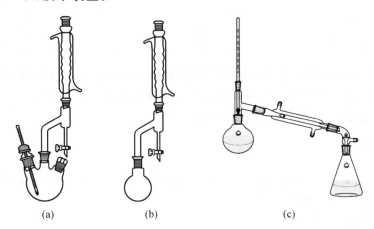

图 4-8 正丁醚反应和蒸馏装置

2) 反应

分水器先加满水,再往小量筒中放掉少量水,约 2 mL。将三口瓶放在电热套中加热,开始调压不要太高,先加热 20 min 但不到回流温度(100~115℃),后加热保持回流约 40 min。随着反应的进行,分水器中的水层不断增加,反应液的温度也不断上升。当分水器中水层将要超过支管而流回烧瓶时,可以打开分水器的旋塞放掉少量水(放掉的水也放到原先放水的小量筒中,实验最后要记总分水量)。注意:只要水不回流到反应体系中就不要放水。当分水器的水层不再变化,出水为 2.2~2.5 mL[2],瓶中反应温度到达 150℃左右时,停止加热。如果加热时间过长,溶液会变黑,并有大量副产物烯生成。拆下分水器前,要将分水器中上层的有机层用小量筒中的水完全顶回三口瓶中。此时小量筒中的水才是总分水量。

3) 蒸出粗产品

待反应物稍冷,拆下分水器,按图 4-8(c)安装蒸馏装置,再加几粒沸石,进行蒸馏至无馏出液为止。

4) 粗产品后处理

将馏出液倒入分液漏斗中,分去水层。粗产物每次用 7.5 mL 冷的 50%硫酸[3]洗涤,共洗 2 次[4],再用 10 mL 水洗涤 2 次,最后用 1 g 左右的无水氯化钙干燥 20 min 至澄清。

5) 产品的蒸馏提纯及称重

将干燥的粗产物倒入 50 mL 圆底烧瓶中(注意不要把氯化钙倒进瓶中!)进行蒸馏,收集 140~144℃的馏分。同样采用差减法称量最后产品的质量。实验结束后产品统一回收。

实验所需时间:6 h。

六、注释

[1] 本实验利用恒沸混合物蒸馏方法,利用分水器将反应生成的水层上面的有机层不

断顶回到反应器中,而将生成的水除去。下表是反应中各种恒沸物的组成及沸点,这些恒沸物冷凝后,在分水器中分层。上层主要是正丁醇和正丁醚,下层主要是水。

恒沸物	沸点/℃	组成比(质量分数)
正丁醇-水	93.0	55.5∶45.5
正丁醚-水	94.1	66.6∶33.4
正丁醇-正丁醚	117.6	17.5∶82.5
正丁醇-正丁醚-水	90.6	35.5∶34.6∶29.9

[2] 按反应式计算,实际上分出水层的体积要略大于理论量,否则产率很低。
[3] 50%硫酸的配制方法:20 mL 浓硫酸缓慢加入到 34 mL 水中。
[4] 正丁醇能溶于 50%硫酸,而正丁醚溶解很少。

七、思考题

(1) 计算理论上应分出的水量,若实验中分出的水量超过理论数值,试分析其原因。
(2) 如何得知反应已经比较完全?
(3) 各步洗涤的目的何在?

4.6 乙酸乙酯的制备

一、实验目的

(1) 学习和掌握乙酸乙酯的制备原理和方法。
(2) 掌握边滴加边蒸馏的合成反应操作方法。

二、实验原理

乙酸乙酯的合成方法很多,其中最常用的方法是在酸催化下由乙酸和乙醇直接酯化法。

酯化反应为可逆反应,提高产率的措施为:加入过量的乙醇和/或在反应过程中不断蒸出生成的产物和水,以及将乙醇和乙酸的混合液逐渐滴入反应体系中,促进平衡向生成酯的方向移动。但是,酯和水或乙醇的共沸物沸点与乙醇接近,为了能蒸出生成的酯和水,又尽量使乙醇少蒸出来,本实验采用了分馏柱进行分馏。

主反应:

$$CH_3COOH + C_2H_5OH \xrightleftharpoons[120℃]{浓H_2SO_4} CH_3COOC_2H_5 + H_2O$$

副反应:

$$2CH_3CH_2OH \xrightarrow[140℃]{H_2SO_4} CH_3CH_2OCH_2CH_3 + H_2O$$

$$CH_3CH_2OH \xrightarrow[170℃]{H_2SO_4} CH_2=CH_2 + H_2O$$

三、仪器与试剂

仪器：恒压滴液漏斗,100 mL 三口圆底烧瓶,温度计,垂刺分馏柱,75°弯管,直形冷凝管,尾接管,锥形瓶。

试剂：乙酸 14.3 mL(约 0.25 mol),95%乙醇 25 mL(约 0.44 mol),浓硫酸,饱和碳酸钠溶液,饱和食盐水,无水碳酸钾。

四、物理常数及性质

乙酸：又称醋酸。纯乙酸在 16.6℃以下能结成冰状的固体,所以常称为冰醋酸。相对分子质量 60.05,熔点 16.6℃,沸点 117.9℃,折光率 $n_D^{20}=1.3718$,相对密度 1.0492,无色透明液体,有强烈刺激性气味,易溶于水、醇和醚等。

乙醇：相对分子质量 46.07,无色透明液体,有令人愉快的气味和灼烧味,易挥发,能与水和其他多数有机溶剂混溶,相对密度 0.81,沸点 78.4℃,易燃。

乙酸乙酯：无色透明液体,有水果香,易挥发,能与氯仿、乙醇、丙酮和乙醚混溶,微溶于水。是一种用途广泛的精细化工产品。相对分子质量 88.11,相对密度 0.902,熔点 -83℃,沸点 77℃,折光率 1.3719。易燃,有刺激性。

五、实验步骤

安全预防：注意浓硫酸和乙酸的取用。

1) 准备工作

在 100 mL 三口圆底烧瓶中,放入 5 mL 乙醇。然后一边摇动,一边缓慢地加入 5 mL 浓硫酸[1],再加 2 粒沸石。按图 4-9 安装反应装置[2],在恒压滴液漏斗中,装入 20 mL 乙醇和 14.3 mL 乙酸的混合液。先向圆底烧瓶内滴入 3~4 mL 此混合液。

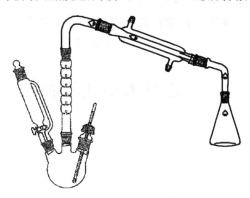

图 4-9 乙酸乙酯反应装置

2) 酯化反应

用电热套加热圆底烧瓶,当温度达到 110~120℃时,再自滴液漏斗慢慢滴入其余的混合液,控制滴加速度和馏出速度大致相等(每秒钟 1~2 滴)(若刚开始没有馏出液,只需注意滴加速度不要太快,不能使反应温度低于 110℃),并维持反应液温度在 110~120℃之间[3]。滴加完毕后,继续加热 10 min,直至温度升高到 130℃不再有馏出液为止。

3) 粗产品后处理

反应完毕后,将饱和碳酸钠溶液很缓慢地加入馏出液中,直到无二氧化碳气体逸出,用pH试纸试验酯层呈中性为止。饱和碳酸钠溶液要小量分批地加入,并要不断地摇动接收器。把混合液倒入分液漏斗中,静置,放出下面的水层。再用等体积的饱和食盐水洗涤酯层,放出下层废液。从分液漏斗上口将乙酸乙酯倒入干燥的小锥形瓶内,加入无水碳酸钾干燥。放置约20 min,在此期间要间歇振荡锥形瓶。

4) 产品的蒸馏提纯

将干燥好的粗乙酸乙酯倒入50 mL圆底烧瓶中。在水浴上加热蒸馏,收集74～80℃的馏分。称重。统一回收并保存产品。

实验所需时间：4～6 h。

六、注释

[1] 加浓硫酸时,必须慢慢加入并充分振荡烧瓶,使其与乙醇均匀混合,以免在加热时因局部酸过浓引起有机物碳化等副反应。

[2] 温度计必须插入反应混合液中,下端离瓶底约5 mm为宜。

[3] 本实验的关键问题是控制酯化反应的温度和滴加速度。控制反应温度在110～120℃。温度过低,酯化反应不完全；温度过高($>$140℃),易发生醇脱水和氧化等副反应。反应温度可用滴加速度来控制。温度接近120℃,适当滴加快些；温度降到接近110℃,可滴加慢些；降到110℃停止滴加；待温度升到110℃以上时,再滴加。

七、思考题

(1) 本实验如何创造条件使酯化反应尽量向生成物方向进行？

(2) 蒸出的粗乙酸乙酯中主要有哪些杂质？

(3) 能否用浓氢氧化钠溶液代替饱和碳酸氢钠溶液来洗涤蒸馏液？

(4) 用饱和食盐水洗涤,能除去什么？可否用水代替？

4.7 乙酰水杨酸的制备

常规方法

一、实验目的

(1) 学习用乙酸酐作酰基化试剂酰化水杨酸制备乙酰水杨酸的酯化方法。

(2) 掌握重结晶、减压过滤、洗涤、干燥等基本实验操作方法。

二、实验原理

乙酰水杨酸即阿司匹林,是一种历史悠久的解热镇痛药,诞生于1899年。用于治疗感冒、发热、头痛、牙痛、关节痛、风湿病,还能抑制血小板聚集,用于预防和治疗缺血性心脏病、心绞痛、心肺梗死、脑血栓形成,也可提高植物的出芽率。

常用的制备方法是在浓硫酸(或浓磷酸,本实验用浓磷酸)的催化下,用乙酸酐对水杨酸(邻羟基苯甲酸)的酚羟基进行酯化反应生成乙酰水杨酸。酚类化合物的酯化也称酰化,常用的酰基化试剂有酰卤、酸酐等。此反应也是保护酚羟基的方法。

浓硫酸或浓磷酸作催化剂的作用是破坏水杨酸分子中羧基与酚羟基间形成的氢键

[结构式图],从而使酰化反应容易完成。

反应式为:

[反应式图] + $(CH_3CO)_2O$ $\xrightarrow{H_3PO_4}$ [产物] + HAc

由于水杨酸是双官能团化合物,含有一个羧基和一个酚羟基,在反应生成乙酰水杨酸的同时,分子间可以发生缩合反应,生成少量聚合物。为了除去聚合物,将乙酰水杨酸与碳酸氢钠作用,生成水溶性的钠盐,而聚合物不溶,利用这一性质来纯化乙酰水杨酸。

与大多数酚类化合物一样,水杨酸可与三氯化铁形成蓝紫色络合物,而乙酰水杨酸因酚羟基已被酰化,不与三氯化铁显色,因此,产品中残余的水杨酸很容易被检验出来。

三、仪器与试剂

仪器:恒温水浴锅,50 mL 锥形瓶,布氏漏斗,抽滤瓶。

试剂:水杨酸 1.38 g(0.01 mol),乙酸酐 4 mL(约 0.04 mol),浓磷酸,饱和碳酸氢钠溶液,18%盐酸溶液。

四、物理常数及性质

水杨酸:邻羟基苯甲酸,相对分子质量 138,熔点 157~159℃,相对密度 1.44。白色结晶性粉末,无臭,味先微苦后转辛。水杨酸与三氯化铁水溶液生成特殊的紫色。溶于水,易溶于乙醇、乙醚、氯仿等有机溶剂。

乙酸酐:相对分子质量 102.09。无色透明液体,有强烈的乙酸气味。溶于氯仿和乙醚,缓慢地溶于水形成乙酸。相对密度 1.080,熔点 −73℃,沸点 139℃,折光率 1.3904。低毒易燃。有腐蚀性。勿接触皮肤或眼睛,以防引起损伤。有催泪性。

乙酰水杨酸:相对分子质量 180.16,相对密度 1.35,熔点 136℃。白色针状或板状结晶或粉末。无气味,微带酸味。能溶于乙醇、乙醚和氯仿,微溶于水。

五、实验步骤

安全预防:注意乙酸酐和浓磷酸的腐蚀和刺激性。

1) 准备工作

事先将恒温水浴锅装水,打开开关,将温度调节在 85~90℃之间。在 50 mL 的干燥锥形瓶中顺序加入 1.38 g 水杨酸、4 mL 乙酸酐、5 滴浓磷酸[1],小心振摇锥形瓶使水杨酸尽量溶解。

2) 反应

将盛装完药品的锥形瓶放在 85～90℃ 水浴中加热 10 min，其间用玻璃棒不断搅拌[2]。反应结束后取出锥形瓶。

3) 产品的纯化

(1) 析出结晶

待反应物冷却后，在振摇下慢慢加入 13～14 mL 冷水，在冰水浴中冷却，若无晶体出现，可用玻璃棒充分摩擦锥形瓶内壁（注意：必须在冰水浴中进行）[3]。待晶体完全析出后用布氏漏斗抽滤，用 25 mL 冷水分两次洗涤锥形瓶，再洗涤晶体，抽干。

(2) 去除副产物

将粗产品转移到 100 mL 烧杯中，在搅拌下慢慢加入 25 mL 饱和碳酸氢钠溶液，加完后继续搅拌几分钟，直到无二氧化碳气体产生为止。抽滤，不溶性聚合物（未反应的水杨酸自身聚合）被滤出不要（注意：这时要的是滤液），用 5～10 mL 水冲洗漏斗，合并滤液。

(3) 产品的重结晶

将上步的滤液倒入 100 mL 烧杯中，在不断搅拌下慢慢加入 10 mL 18％盐酸，这时即有白色的乙酰水杨酸晶体析出。用冰水冷却，使晶体析出完全。抽滤，用少量冷水洗涤 2 次[4]，抽干水分。

4) 称重

将晶体置于表面皿（事先称好重量）上，干燥后称重。

反应及提纯装置见图 4-10。

实验所需时间：2～3 h。

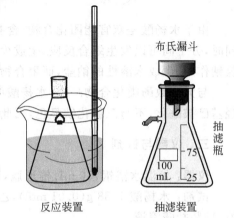

图 4-10 乙酰水杨酸制备及提纯装置

六、注释

[1] 要按照顺序加样。否则，如果先加水杨酸和浓磷酸，水杨酸就会被氧化。

[2] 锥形瓶在水浴锅中加热时，应采取一定方式固定，否则搅拌锥形瓶内反应物时，有可能会使锥形瓶倾倒，致使锥形瓶内反应物流入水浴锅中，带有腐蚀性的乙酸酐和浓磷酸会污染水浴锅，整锅水都要倒掉，清洗后重新烧水，浪费资源和实验时间。

[3] 这步晶体析出过程在实际操作中一旦粗心大意就很容易失败（室温高也会对结晶产生影响），失败后乙酰水杨酸不是以白色晶体的形式析出，而是像一团白色胶体或是透明油状物，虽然有些失败的产品可以通过长时间静置转变成白色晶体，但实验当天就得不到产品了。操作重点是：反应物一定要冷却后再加 13～14 mL 冷水，而且加入的速度要慢，加一些水后在冰水浴中用玻璃棒充分搅拌，待锥形瓶冷却后再加一些水，继续在冰水浴中冷却搅拌，并不时地用玻璃棒横向摩擦锥形瓶底部内壁，要是实在没有晶体析出，不能随意倒掉重做，应报告指导教师，指导教师会告诉你采取怎样的补救措施。

[4] 由于产品微溶于水，所以水洗时，要用少量冷水洗涤，用水不能太多。

七、思考题

(1) 反应中有哪些副产物,如何除去?
(2) 反应中加入浓磷酸的目的是什么?
(3) 如何检验水杨酸已被除尽?

4.8 乙酰乙酸乙酯的制备

一、实验目的

(1) 学习用乙酸乙酯通过 Claisen 酯缩合反应制取乙酰乙酸乙酯的反应原理和操作方法。
(2) 学习无水操作和减压蒸馏等操作技能。

二、实验原理

乙酰乙酸乙酯又称 3-丁酮酸乙酯,是一种最简单的 β-酮酸酯。不同于其他的酯类化合物,乙酰乙酸乙酯不能通过酯化反应来制取。这是由于乙酰乙酸乙酯受热后易发生脱羧反应而生成丙酮:

$$CH_3COCH_2COOH \xrightarrow{\triangle} CH_3COCH_3 + CO_2$$

所以,一般用乙酸乙酯通过 Claisen 酯缩合反应来制备乙酰乙酸乙酯。以乙酸乙酯和金属钠为原料,以过量的酯为溶剂,利用酯中含有的微量醇与金属钠反应生成醇钠,随着反应的不断进行,醇不断生成,反应能继续下去,直到金属钠消耗完毕。

$$2C_2H_5OH + 2Na \longrightarrow 2C_2H_5ONa + H_2\uparrow$$

$$2CH_3COOC_2H_5 \xrightarrow{C_2H_5ONa} [CH_3COCHCOOC_2H_5]^-Na^+ + C_2H_5OH$$

反应后直接得到的不是乙酰乙酸乙酯,而是它的钠盐,因为乙酰乙酸乙酯分子中亚甲基上的氢的酸性比乙醇大,需用醋酸酸化使之转化为乙酰乙酸乙酯。

$$[CH_3COCHCOOC_2H_5]^-Na^+ + CH_3COOH \longrightarrow CH_3COCH_2COOC_2H_5 + CH_3COONa$$

酯中的含醇量过高对产率不利,一般酯中醇含量在 1%~3% 为宜。

三、仪器与试剂

仪器:减压蒸馏装置,电热套,干燥管等。
试剂:乙酸乙酯 24.5 mL(22 g,约 0.25 mol),金属钠 2.5 g(约 0.11 mol),50% 醋酸,5% 碳酸钠溶液,无水碳酸钾,饱和食盐水,无水氯化钙,pH 试纸。

四、物理常数及性质

乙酸乙酯:相对分子质量 88.1,熔点 -83.6 ℃,沸点 77.1 ℃,相对密度 0.9003,折光率 $n_D^{20}=1.3723$,闪点 4 ℃,与醚、醇、卤代烃、芳烃等多种有机溶剂混溶,微溶于水。无色、具有水果香味的易燃液体。

乙酰乙酸乙酯:相对分子质量130.15,熔点-45℃,沸点180.8℃,相对密度1.0282,折光率$n_D^{20}=1.418\sim1.421$。微溶于水,能溶于乙醇。有刺激性和麻醉性。可燃,遇明火、高热或接触氧化剂有发生燃烧的危险,低毒性。用于合成染料和药物,也是其他有机合成中的重要中间体。

五、实验步骤

安全预防:金属钠遇水即燃烧、爆炸,故使用时应严格防止与水接触。在称量或切片过程中应当迅速,以免空气中水汽侵蚀或被氧化。取钠的操作步骤如下:用镊子取储存的金属钠块,用双层滤纸吸取溶剂油,用小刀切去其表面,称重,再用小刀切碎使用。

1)准备工作

本实验所用的药品必须是无水的,所用的仪器必须是干燥的。

在干燥的250 mL圆底烧瓶中,放入24.5 mL无水的乙酸乙酯[1]和切细的2.5 g金属钠,迅速装上回流冷凝管,其上口连接一个氯化钙干燥管。

2)反应回流加热

用水浴加热,促使反应开始。若反应过于剧烈,可暂时移去热水浴而用冷水浴冷却。待反应缓和后,再用水浴加热,保持缓缓回流。待金属钠全部作用完后,停止加热[2]。这时反应物变为红色透明并呈绿色荧光的液体(有时析出黄白色沉淀[3])。

3)粗产品后处理

冷却至室温,卸下冷凝管。将烧瓶浸在冷水浴中,在摇动下缓慢滴加稀醋酸,使呈弱酸性,这时所有的固体都溶解[4]。用分液漏斗分离出红色的酯层。用10 mL乙酸乙酯提取水层中的酯,并入原酯层。酯层用5%碳酸钠溶液洗至中性。用等体积的饱和食盐水洗涤,再用无水碳酸钾或无水硫酸镁干燥。

4)产品的减压蒸馏提纯

将干燥的液体倒入100 mL克氏蒸馏瓶中。装配好减压蒸馏装置。先在常压下蒸出乙酸乙酯,然后在减压下蒸出乙酰乙酸乙酯并称重。所收集馏分的沸点范围视压力而定:

压力/kPa (压力/mmHg)	1.666 (12.5)	1.866 (14)	2.399 (18)	3.866 (29)	5.998 (45)	10.66 (80)
沸点/℃	71	74	79	88	94	100
沸程/℃	69~73	72~76	77~81	86~90	92~96	98~102

实验所需时间:8 h。

六、注释

[1] 乙酸乙酯必须绝对干燥,但其中应含有1%~3%的乙醇,醇的含量过高对反应不利。其提纯方法如下:将普通乙酸乙酯用饱和氯化钙溶液洗涤数次,再用熔焙过的无水碳酸钾干燥,在水浴上蒸馏,收集76~78℃馏分。

[2] 反应开始时,金属钠的表面上有少量气泡产生,由于酯缩合作用本身是放热反应,所以不久温度逐渐上升,反应也逐渐加快,必要时还需要冷水浴冷却烧瓶以缓和激烈的反

应,避免部分原料气化损失。当开始阶段的激烈反应过去后,便可用小火加热,直到所有的金属钠全部溶解为止。

金属钠的颗粒大小直接影响缩合反应速度,一般反应时间约需 1.5 h,若将金属钠直接用小刀切碎后使用,反应时间可长达 3 h 以上。据资料介绍,很少量未反应的钠并不妨碍进一步的操作。

[3] 黄白色沉淀系乙酰乙酸乙酯的烯醇式钠盐。

[4] 用醋酸中和时,开始有少量固体析出,继续加酸并不断振摇,固体会逐渐消失,最后得到澄清的液体。如尚有少量固体未溶解时,可加少许水使其溶解。但应避免加入过量的醋酸,否则会增加酯在水中的溶解度而降低产量。

七、思考题

(1) 所用仪器未经干燥处理,对反应有什么影响?为什么?
(2) 为什么最后一步要用减压蒸馏法?
(3) 本实验中加入稀醋酸和饱和氯化钠的目的何在?

4.9 肉桂酸的制备

一、实验目的

(1) 掌握通过 Perkin 反应制备肉桂酸的原理和方法。
(2) 掌握水蒸气蒸馏的原理和操作。
(3) 巩固并掌握固体有机化合物的提纯方法:脱色、重结晶。

二、实验原理

不含 α-H 的芳香醛和含有 α-H 的酸酐在相应羧酸的钠盐或钾盐的存在下发生缩合,生成 α-β 不饱和酸的反应,称为 Perkin 反应。本实验就是利用 Perkin 反应制得肉桂酸。

反应式:

$$\text{C}_6\text{H}_5\text{CHO} + (\text{CH}_3\text{CO})_2\text{O} \xrightarrow{\text{无水 CH}_3\text{COOK}} \text{C}_6\text{H}_5\text{CH=CHCOOH} + \text{CH}_3\text{COOH}$$

在该反应中,常用的碱性催化剂为相应酸酐的碱金属盐。碱的作用促使酸酐烯醇化,生成醋酸酐碳负离子,碳负离子再与芳香醛发生亲核加成,经 β 消去、酸化,最后生成肉桂酸。

其反应机理为：

$$(CH_3CO)_2O + CH_3COOK \longrightarrow [^-CH_2-\overset{O}{\underset{\|}{C}}-O-\overset{O}{\underset{\|}{C}}-CH_3]K^+ + CH_3COOH$$

$$\text{Ph-CHO} + {}^-CH_2-\overset{O}{\underset{\|}{C}}-O-\overset{O}{\underset{\|}{C}}-CH_3 \longrightarrow \text{Ph-}\underset{H}{\overset{O^-}{\underset{|}{C}}}-CH_2-\overset{O}{\underset{\|}{C}}-O-\overset{O}{\underset{\|}{C}}-CH_3$$

$$\xrightarrow{CH_3COOH} \text{Ph-}\underset{H}{\overset{OH}{\underset{|}{C}}}-CH_2-\overset{O}{\underset{\|}{C}}-O-\overset{O}{\underset{\|}{C}}-CH_3 \xrightarrow{-H_2O} \text{Ph-}HC=CH-\overset{O}{\underset{\|}{C}}-O-\overset{O}{\underset{\|}{C}}-CH_3$$

$$\longrightarrow \text{Ph-}HC=CH-COOH + CH_3COOH$$

在本实验中，由于乙酸酐易水解，无水醋酸钾易吸潮，反应器必须干燥。提高反应温度可以加快反应速度，但反应温度太高，易引起脱羧和聚合等副反应，所以反应温度控制在150～170℃。未反应的苯甲醛通过水蒸气蒸馏法分离。

三、仪器与试剂

仪器：水蒸气蒸馏装置，电热加热器，空气冷凝管，布氏漏斗，循环水真空泵，抽滤瓶等。

试剂：新蒸馏的苯甲醛 3 mL(3.2 g，0.03 mol)，新熔融的无水醋酸钾 3.6 g(0.03 mol)，新蒸馏的乙酸酐 5.5 mL(6 g，0.06 mol)，碳酸钠，饱和碳酸钠溶液，浓盐酸，活性炭，pH试纸。

四、物理常数及性质

苯甲醛：相对分子质量106.12，沸点178℃，相对密度1.0415，折光率 $n_D^{20}=1.5455$。无色液体，能与乙醇、乙醚、氯仿等混溶，微溶于水，具有类似苦杏仁的香味。

乙酸酐：相对分子质量102.09，沸点138.6℃，熔点-73.1℃，闪点49℃，蒸气压1.33 kPa/36℃，相对密度1.08，无色透明液体，溶于苯、乙醇、乙醚，稍溶于水，有刺激性气味（类似乙酸），其蒸气为催泪毒气。主要用途：重要的乙酰化试剂，以及用于药物、染料、醋酸纤维制造、聚合反应的引发剂、漂白剂等。

肉桂酸：又名β-苯基丙烯酸、桂皮酸，白色单斜结晶，微有桂皮气味。熔点135～136℃，沸点300℃，相对密度1.2475。微溶于水，易溶于酸、苯、丙酮、冰醋酸，溶于乙醇、甲醇和氯仿。肉桂酸是重要的有机合成工业中间体之一，广泛用于医药、香料、塑料和感光树脂等化工产品中。在医药工业中，用来制造"心可安"、局部麻醉剂、杀菌剂、止血药等；在农药工业中作为生长促进剂和长效杀菌剂而用于果蔬的防腐；肉桂酸至今仍是负片型感光树脂最主要的合成原料。肉桂酸还可作为镀锌板的缓蚀剂、聚氯乙烯的热稳定剂、多氨基甲酸酯的交联剂、乙内酰的阻燃剂，以及化学分析试剂等。具有很好的保香作用，通常作为配香原料，也被用作香料中的定香剂，在食品、化妆品、食用香精等领域都有广泛的应用。

五、实验步骤

安全预防：由于乙酸酐具有刺激性和腐蚀性，须小心在通风橱内取用。

1) 准备工作

在干燥的 100 mL 三口烧瓶中加入 3.6 g 新熔融并研细的无水醋酸钾粉末[1]，3 mL 新蒸馏的苯甲醛[2]，5.5 mL 新蒸馏的乙酸酐，振荡使三者混合均匀。三口烧瓶侧口接上空气冷凝管，另一侧口装上 240 ℃ 温度计，其水银球插入反应物液面下但不要碰到瓶底。中孔用塞子塞上（见图 4-11）。

2) 缩合反应

用加热套低电压加热使其回流，反应液始终保持在 150～170 ℃，使反应进行回流 1 h，由于有二氧化碳放出，初期有泡沫产生。

3) 产品纯化

（1）水蒸气蒸馏

反应完成后冷却，取下三口烧瓶，向其中加入 10～15 mL 水，8.0 g 碳酸钠，摇动烧瓶使固体溶解（直到反应混合物呈碱性），保证所有的肉桂酸转变为钠盐。然后连接水蒸气蒸馏装置进行水蒸气蒸馏（见图 4-12），蒸出未反应完的苯甲醛。要尽可能地使蒸气产生速度快，水蒸气蒸馏蒸到蒸出液中无油珠（苯甲醛）为止，用锥形瓶作为接收器即可。

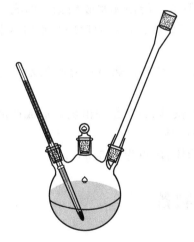 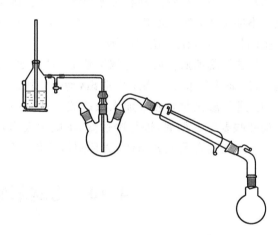

图 4-11　缩合反应装置　　　　图 4-12　水蒸气蒸馏装置

（2）脱色及重结晶

卸下水蒸气蒸馏装置，向三口烧瓶中加入约 0.5 g 活性炭，加热沸腾 10 min。然后趁热进行热过滤（如没有热过滤专用的保温漏斗，可事先将布氏漏斗置于热水浴中烫热，取出后应立即进行过滤，如果布氏漏斗变凉就会使肉桂酸晶体也在布氏漏斗中析出，而不能进入到滤液中，进而造成产品的损失）。将滤液转移至干净的 250 mL 烧杯中，慢慢用浓盐酸进行酸化至明显的酸性（pH<3），此时会有大量白色晶体析出。再用冷水浴冷却使结晶完全。待肉桂酸完全析出后，抽滤，晶体用少量冷水洗涤，挤压、抽干水分后，将晶体转移至干净的滤纸上，在 100 ℃ 下干燥或在空气中晾干，称重，计算产率。并测产物的熔点（方法见熔点的测定）。

实验所需时间：6 h。

六、注释

[1] 本实验中使用的无水醋酸钾必须新鲜熔焙。将含水醋酸钾放入蒸发皿中加热，则盐先在自己的结晶水中溶化。水分挥发后又结成固体。强热使固体再熔化，并不断搅拌，使水分散发后，趁热倒在金属板上，冷后用研钵研碎，放入干燥器中待用。

[2] 苯甲醛久置后含有苯甲酸，后者不但会影响反应的进行，而且混在产物中不易除去，会影响产品质量。因此实验中所用的苯甲醛必须是新蒸馏过的，收集 170～180℃ 的馏分。

七、思考题

(1) 苯甲醛和丙酸酐在无水碳酸钾的存在下相互反应后的产物是什么？
(2) 具有何种结构的醛能进行 Perkin 反应？
(3) 用水蒸气蒸馏除去什么？为什么能用水蒸气蒸馏法纯化产品？

八、注意事项

(1) Perkin 反应所用仪器必须彻底干燥（包括量取苯甲醛和乙酸酐的量筒）。
(2) 可以用无水碳酸钾和无水醋酸钾作为缩合剂，但是不能用无水碳酸钠。回流时加热强度不能太大，否则会把乙酸酐蒸出。为了节省时间，可以在回流结束后即开始加热水蒸气发生的长颈圆底烧瓶使水沸腾。
(3) 进行脱色操作时一定取下烧瓶，稍冷之后再加热活性炭。热过滤时必须是真正热过滤，布氏漏斗要事先在沸水中取出，动作要快。
(4) 进行酸化时要慢慢加入浓盐酸，一定不要加入太快，以免产品冲出烧杯造成产品损失。肉桂酸要结晶彻底，进行冷过滤，不能用太多水洗涤产品。
(5) 肉桂酸有顺反异构体，通常制得的是其反式异构体，熔点为 135.6℃。

4.10　乙酰苯胺的制备

一、实验目的

(1) 学习苯胺乙酰化反应的原理和实验操作。
(2) 掌握利用重结晶的方法提纯固体有机物。

二、实验原理

芳香族伯胺的氨基较活泼，又易被氧化，为了保护氨基，常把它乙酰化，再进行其他反应，最后水解除去乙酰基。

乙酰苯胺一般可用苯胺与冰醋酸、乙酰氯或乙酸酐等酰基化试剂作用制得。其中苯胺与乙酰氯的反应比较激烈，乙酸酐次之，冰醋酸最慢。但用冰醋酸作乙酰化试剂价格便宜，操作方便。本实验选用苯胺与冰醋酸作用制取苯胺。反应式：

$$\text{C}_6\text{H}_5-\text{NH}_2 + \text{CH}_3\text{COOH} \rightleftharpoons \text{C}_6\text{H}_5-\text{NHCCH}_3(=\text{O}) + \text{H}_2\text{O}$$

三、仪器与试剂

仪器：电热套,减压过滤装置,刺形分馏柱等。

试剂：苯胺 5 mL(5.1 g,0.055 mol),冰醋酸 7.4 mL(7.8 g,0.13 mol),锌粉,活性炭。

四、物理常数及性质

乙酸：又称醋酸。纯乙酸在 16.6℃ 以下能结成冰状的固体,所以常称为冰醋酸。相对分子质量 60.05,熔点 16.6℃,沸点 117.9℃,折光率 $n_D^{20}=1.3718$,相对密度 1.0492,无色透明液体,有强烈刺激性气味,易溶于水、醇和醚等。

苯胺：相对分子量 93.1,沸点 184.4℃,相对密度 1.022,折光率 $n_D^{20}=1.5863$。微溶于水,易溶于乙醇、乙醚和苯。无色油状液体,暴露于空气中或日光下变为棕色。蒸馏时加入少量锌粉以防氧化。具有毒性。

乙酰苯胺：相对分子质量 135.17,熔点 114℃。微溶于冷水,易溶于乙醇、乙醚及热水。白色有光泽片状结晶或白色结晶粉末,是磺胺类药物的原料,可用作止痛剂、退热剂、防腐剂和染料中间体。是较早使用的解热镇痛药,有"退热冰"之称。由于能引起高铁血红蛋白血症,目前已不再使用。本品具有刺激性,能抑制中枢神经系统和心血管,因而应避免皮肤接触或由呼吸和消化系统进入体内。

五、实验步骤

安全预防：苯胺具有毒性,在通风橱内小心取用。

1) 准备工作

在 50 mL 圆底烧瓶(或 50 mL 磨口锥形瓶)中,加入 5 mL 新蒸馏过的苯胺[1],7.4 mL 冰醋酸和 0.1 g 锌粉[2],在瓶口上装一刺形分馏柱,柱顶安装蒸馏头,蒸馏头上插一支 150℃ 温度计,蒸馏头的支管口用尾接管将馏出液引入接收器小量筒中,以收集蒸出的水和冰醋酸溶液。全部装置如图 4-13 所示。

2) 粗产品的合成

在电热套上用小火加热至沸腾,控制温度,保持温度计读数在 105℃ 左右,40~60 min,反应生成的水可完全蒸出(含少量醋酸),当温度计读数出现上下波动或反应器内出现白雾时,表示反应趋于完成,停止加热。

3) 粗产品晶体的析出

在不断搅拌下,将反应液趁热以细流慢慢倒入盛有 100 mL 冷水的烧杯中,继续剧烈搅拌,并冷却烧杯,使粗乙酰苯胺呈细粒状完全析出。

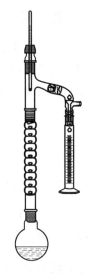

图 4-13 乙酰苯胺的制备装置

4)粗产品的重结晶

用布氏漏斗抽滤析出的固体(抽滤装置及操作方法见重结晶和过滤部分)。用干净的胶塞把固体压碎,再用 5~10 mL 冷水洗涤。除去残留的酸液。然后将粗乙酰苯胺放入盛有一定体积热水(100~150 mL)的烧杯中,加热至沸腾,如仍有未溶解的油珠[3]需补加适量热水[4],直至油珠完全溶解为止。若有颜色可将液体稍冷后加入 0.5~1 g 粉末状活性炭[5],用玻璃棒搅拌并煮沸几分钟,趁热用保温漏斗或用预先热好的布氏漏斗减压过滤[6]。

滤液静置,冷却,析出无色片状的乙酰苯胺晶体,再减压过滤,尽量挤压以除去晶体中水分,将产品放在表面皿上,烘干,称重。

实验所需时间:6 h。

六、注释

[1] 放置时间较长的苯胺颜色变深,会影响生成的乙酰苯胺的质量,故需使用新蒸馏的苯胺。

[2] 加锌粉的目的是防止苯胺在反应过程中氧化,但不能加入过多,否则在后处理中会出现不溶于水的氢氧化锌。

[3] 此油珠是熔融状态的含水的乙酰苯胺(83℃时含水 13%)。

[4] 乙酰苯胺于不同温度在 100 mL 水中的溶解度为:25℃,0.563 g;80℃,3.5 g;100℃,5.2 g。在以后各步加热煮沸时,会蒸发掉一部分水,需随时补加热水。

[5] 在沸腾的溶液中加入活性炭,容易引起暴沸。

[6] 使用保温漏斗进行热过滤,要事先准备好折叠滤纸和预热好的保温漏斗,如果使用布氏漏斗减压过滤,则应事先将布氏漏斗用铁夹夹住,倒悬在沸水浴上,利用水蒸气进行充分预热,抽滤瓶应放在水浴中预热。如果预热不好,乙酰苯胺晶体将在布氏漏斗内析出,引起操作上的麻烦和造成损失。

七、思考题

(1) 反应中为什么要保持温度计读数在 105℃左右,温度过高有什么不好?
(2) 理论上,反应完成时应生成多少水?你收集了几毫升?如何解释?
(3) 本实验采取哪些措施来提高乙酰苯胺的产量?

4.11 乙酸正丁酯的制备

一、实验目的

(1) 学习乙酸正丁酯的制备原理及方法。
(2) 掌握分水器的使用及加热回馏、蒸馏等基本操作。

二、实验原理

有机酸酯一般是用醇和羧酸在少量酸性催化剂(如浓硫酸)存在下进行酯化反应制得。乙酸和正丁醇的酯化反应如下:

主反应：

$$CH_3COOH + C_4H_9OH \underset{110\sim125℃}{\overset{H_2SO_4}{\rightleftharpoons}} CH_3COOC_4H_9 + H_2O$$

副反应：

$$2C_4H_9OH \xrightarrow[140℃]{H_2SO_4} C_4H_9OC_4H_9 + H_2O$$

$$C_4H_9OH \xrightarrow[170℃]{H_2SO_4} CH_3CH_2CH=CH_2 + H_2O$$

酯化反应是典型的酸催化的可逆反应，反应达平衡时，一般只有 2/3 的原料转变为酯，为了使反应平衡向右移动，可以用过量的醇或酸，也可以把反应中生成的酯或水及时地蒸出，或是两者并用。

本实验采取不断除去反应中生成水的方法来提高酯的产率。当酯化反应进行到一定程度时，连续地蒸出乙酸正丁酯、正丁醇和水三者所形成的恒沸混合物（沸点 89.4℃）。蒸出的恒沸混合液在分水器中进行分离，水沉于分水器底部，而酯和未反应的正丁醇则在水层上面并不断流回反应器，使未反应的正丁醇继续反应，这样反复进行可以把反应中生成的水几乎全部除掉，得到较高产率的酯。

三、仪器与试剂

仪器：电加热器，球形冷凝管，分水器等。

试剂：正丁醇 11.5 mL（9.3 g，0.125 mol），冰醋酸 7.2 mL（7.5 g，0.125 mol），浓硫酸，10% 碳酸钠溶液，无水硫酸镁。

四、物理常数及性质

乙酸：又名醋酸、冰醋酸，相对分子质量 60，沸点 117.9℃，折光率 $n_D^{20}=1.3718$，相对密度 1.0491，无色透明液体，具有刺激性气味，溶于水、醇和醚等。纯的无水乙酸凝固点为 16.7℃，凝固后为无色晶体，像冰一样，因此又名冰醋酸。尽管根据乙酸在水溶液中的解离能力，它是一种弱酸，但是乙酸是具有腐蚀性的，其蒸气对眼和鼻有刺激性作用。

正丁醇：相对分子质量 74.12，沸点 117.7℃，折光率 $n_D^{20}=1.3992$，相对密度 0.8098。

乙酸正丁酯：相对分子质量 116，沸点 126.5℃，折光率 $n_D^{20}=1.3947$，相对密度 0.882，无色透明液体，具有果香味。微溶于水，溶于醇、醚等有机溶剂。用作喷漆、人造革、胶片、硝化棉、树胶等溶剂及用于调制香料和药物。

五、实验步骤

安全预防：冰醋酸具有一定的刺激性和腐蚀性，应在通风橱内小心取用，如已凝固，可用温水浴使其融化。

1) 准备工作

在干燥的 100 mL 圆底烧瓶中，加入 11.5 mL 正丁醇和 7.2 mL 冰醋酸，再滴入 2~3 滴浓硫酸[1]。混合均匀，加入几粒沸石，用电加热器为热源，将圆底烧瓶固定好，在分水器中先加满水，再往小量筒中放掉比理论生成水量略少的水（约 2 mL），然后按图 4-14 所示在烧瓶口上安装分水器及冷凝管。

2) 酯化反应开始

开始加热,反应一段时间后,当水层液面即将达到分水器支管时,缓慢从分水器下部放出少量的水于同一个小量筒中[2]。约 40 min 后,当分水器中水不再增加时,表示反应完毕,停止加热。

3) 粗产品后处理

冷却一会儿后,将分水器中的水层用小量筒里的水滴加至支管口,记录小量筒中总的分出水的体积[3]。卸下回流冷凝管,把圆底烧瓶中的液体倒入分液漏斗中,用 10 mL 水洗涤,分去水层。酯层用 10~15 mL 10%碳酸钠溶液洗涤,直至有机层为中性(用 pH 试纸检查是否是中性),分去水层,有机层再用 10 mL 水洗涤一两次,分去水层,将有机层倒入洁净干燥的小锥形瓶中,加入少量无水硫酸镁干燥。

图 4-14 乙酸正丁酯的制备装置

4) 产品的蒸馏提纯

将干燥后的有机层倒入磨口圆底烧瓶中,加入 1~2 粒沸石进行蒸馏,收集 124℃前(前馏分)和 124~127℃(产品)馏分,并记录所收集组分的质量。前馏分和产品均倒入指定回收瓶中。

实验所需时间:4 h。

六、注释

[1] 浓硫酸在反应中起催化作用,故只需少量。加入硫酸后要振荡均匀,否则硫酸局部过滤,加热时会发生炭化现象。

[2] 本实验利用恒沸混合物除去酯化反应中生成的水。正丁醇、乙酸正丁酯和水形成以下几种恒沸混合物:

恒沸混合物		沸点/℃	组成的质量分数/%		
			乙酸正丁酯	正丁醇	水
二元	乙酸正丁酯-水	90.7	72.9		27.1
	正丁醇-水	93.0		55.5	44.5
	乙酸正丁酯-正丁醇	117.6	32.8	67.2	
三元	乙酸正丁酯-正丁醇-水	90.7	63.0	8.0	29.0

[3] 根据分出的总水量可以粗略地估计酯化反应完成的程度。

七、思考题

(1) 本实验是如何提高乙酸正丁酯的产率的?

(2) 计算反应完全时,应分出多少水?

(3) 如果在最后蒸馏时,前馏分较多,其原因是什么?对产率有什么影响?

八、背景材料

酯是羧酸的一类衍生物,由羧酸与醇反应失水而生成的化合物。酯化反应是一个可逆反应。常用催化剂有浓硫酸、干燥的氯化氢、有机强酸、阳离子交换树脂和固体超强酸等。为了提高收率,常采用过量的羧酸和醇或者把体系中生成的酯或水移走的方法,实验室中具体采用哪种方法取决于原料来源难易和操作难易等因素。

酯广泛存在于自然界,例如乙酸乙酯存在于酒、食醋和某些水果中;乙酸异戊酯存在于香蕉、梨等水果中;苯甲酸甲酯存在于丁香油中;水杨酸甲酯存在于冬青油中。高级和中级脂肪酸的甘油酯是动植物油脂的主要成分;高级脂肪酸和高级醇形成的酯是蜡的主要成分。相对分子质量低的酯可用作溶剂,而且大都有令人愉快的香味,常被用作食用香料,还可用于化妆品、肥皂和药品等工业。相对分子质量较大的酯是良好的增塑剂。甲基丙烯酸甲酯是制造有机玻璃(聚甲基丙烯酸甲酯)的单体。聚酯树脂主要用于纤维和油漆工业,也可制成压塑粉。许多带有支链的醇形成的酯是优良的润滑油。

4.12 乙酸乙烯酯的乳液聚合

一、实验目的

(1) 了解乳液聚合的特点、配方及组分的作用。
(2) 熟悉聚乙酸乙烯酯乳胶的制备方法。

二、实验原理

乳液聚合是指单体在乳化剂的作用下分散在介质中,加水溶性引发剂,在搅拌下进行的非均相聚合反应。它既不同于溶液聚合,也不同于悬浮聚合。乳化剂是乳液聚合的重要组分。乳液聚合的引发、增长、终止都在胶束和乳胶粒中进行,单体液滴只是储藏单体的仓库。反应速率主要取决于粒子数。乳液聚合具有快速、聚合分子量高的特点。

乙酸乙烯酯的乳液聚合机理与一般的乳液聚合相同,采用过硫酸盐为引发剂。为使反应平稳进行,单体和引发剂均需分批加入。本实验采用的乳化剂是十二烷基苯磺酸钠。

三、仪器与试剂

仪器:100 mL 三口反应瓶,搅拌器,恒温水浴锅,温度计,球形冷凝管。

试剂:聚乙烯醇 1.5 g,乙酸乙烯酯 23 mL,十二烷基磺酸钠 0.5 g,过硫酸钾 0.1 g,碳酸氢钠水溶液(5%)。

四、物理常数与性质

聚乙烯醇:白色片状、絮状或粉末状固体,无味。溶于水,不溶于汽油、煤油、植物油、苯、甲苯、二氯乙烷、四氯化碳、丙酮、醋酸乙酯、甲醇、乙二醇等。微溶于二甲基亚砜。聚乙烯醇的物理性质受化学结构、醇解度、聚合度的影响。常取平均聚合度的千、百位数放在前面,将醇解度的百分数放在后面,如 17-88 即表聚合度为 1700,醇解度为 88%。一般来说,聚合度增大,水溶液黏度增大,成膜后的强度和耐溶剂性提高,但水中溶解性、成膜后伸长率下降。聚乙烯醇的相对密度(25℃/4℃)1.27～1.31(固体)、1.02(10%溶液),熔点230℃,是重要的化工原料,用于制造聚乙烯醇缩醛、耐汽油管道和维尼纶合成纤维、织物处理剂、乳化剂、纸张涂层、黏合剂、胶水等。

乙酸乙烯酯:相对分子质量86.09,沸点71.8℃,相对密度0.93,无色液体,具有甜的醚味;微溶于水,溶于醇、丙酮、苯、氯仿。乙酸乙烯酯易燃,其蒸气与空气可形成爆炸性混合物。遇明火、高热能引起燃烧爆炸。与氧化剂能发生强烈反应。极易受热、光或微量的过氧化物作用而聚合。其蒸气比空气重,能在较低处扩散到相当远的地方,遇明火会引着回燃。主要用于生产聚乙烯醇树脂和合成纤维。其单体能共聚,可生产多种用途黏合剂;还能与氯乙烯、丙烯腈、丁烯酸、丙烯酸、乙烯单体共聚接枝、嵌段等制成不同性能的高分子合成材料。

五、实验步骤

安全预防:乙酸乙烯酯蒸气遇明火、高热能引起燃烧爆炸,因此应避免使用明火和接触高热。

1) 反应液的制备

(1) 聚乙烯醇的溶解:在装有搅拌器、温度计(150℃)和球形冷凝管的100 mL三口烧瓶中加入20～30 mL[1]去离子水和0.5 g十二烷基苯磺酸钠,开动搅拌器并逐渐加入1.5 g聚乙烯醇,然后加热升温到80～90℃下保温1.5～2 h,直到聚乙烯醇全部溶解,冷却至50℃备用。

(2) 过硫酸钾水溶液的配制:将0.1 g过硫酸钾溶在4 mL去离子水中制成溶液,备用。

2) 聚合

将6 mL新蒸馏过的乙酸乙烯酯和2 mL过硫酸钾溶液加到(1)中所述三口烧瓶中,边搅拌边升温,待温度升到71℃时[2],保温回流,当回流基本消失,三口烧瓶中的液体变白时,分4次在1.5～2 h内将17 mL乙酸乙烯酯缓慢地加入三口烧瓶中,同时按比例地滴加余下的2 mL过硫酸钾水溶液[3],加料完毕后升温到90～95℃至无回流为止[4],冷却至50℃,用5%的碳酸氢钠溶液调整pH为5～6[5],然后慢慢加入2 g邻苯二甲酸丁酯(邻苯二甲酸丁酯为增塑剂,本实验中不加也可),搅拌1 h出料,得白色稠厚的乳液。称重,计算产率。

实验所需时间:6～8 h。

六、注释

[1] 聚乙烯醇溶解较慢,必须完全溶解并保持原来体积,为防止水分损失,一般加水量为30 mL,若聚乙烯醇中有杂质,可用粗孔铜网过滤溶液。

[2] 因无温控系统,此处温度在65～75℃之间均可。

[3] 滴加单体的速度要均匀,防止加料太快发生爆聚和冲料等事故,过硫酸钾水溶液数量少,要注意量一定要准确,滴加一定要均匀、按比例与单体同时加完。

[4] 聚合搅拌速度要适当,升温不能过快。

[5] 用碳酸氢钠调节前,先检查乳液的pH值,不可将产品的pH值调成微碱性,否则产品不稳定,经短时间放置后呈絮凝状。

七、思考题

（1）乳化剂加入量的多少对聚合反应及产物相对分子质量有何影响？

（2）聚乙烯醇在反应中起什么作用？为什么要与乳化剂混合使用？为什么反应结束后要用碳酸氢钠调整 pH 为 5～6？

4.13 邻苯二甲酸二丁酯的合成及其酸值的测定

一、实验目的

（1）学习邻苯二甲酸二丁酯的制备原理和方法。

（2）掌握减压蒸馏等基本操作。

二、实验原理

邻苯二甲酸二丁酯是常用的增塑剂之一。它可由邻苯二甲酸酐与正丁醇在硫酸的催化作用下进行酯化而制取。

主反应：

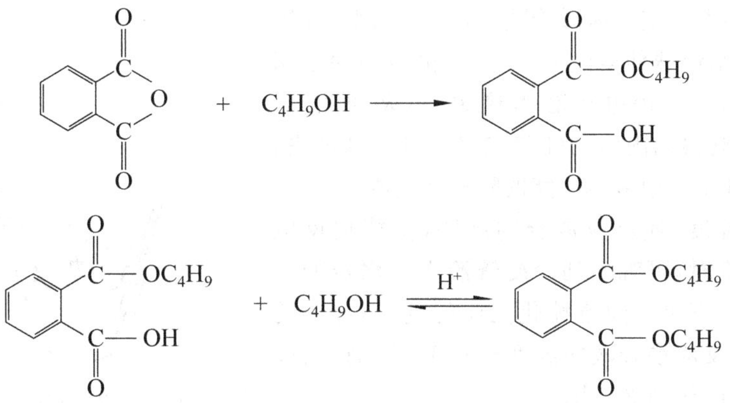

副反应：

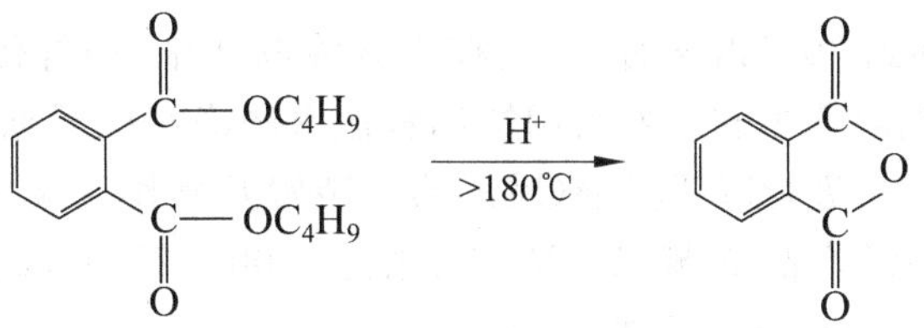

三、仪器与试剂

仪器：电热套，减压蒸馏装置，三口烧瓶，分水器等。

试剂：邻苯二甲酸酐 12 g(0.08 mol)，正丁醇 22 mL(0.28 mol)，浓硫酸 3～4 滴，5% 碳酸钠溶液，饱和食盐水等。

四、物理常数及性质

正丁醇：相对分子质量 74.12，沸点 117.7℃，折光率 $n_D^{20}=1.3992$，相对密度 0.8098。

邻苯二甲酸酐：相对分子质量 148，熔点 130.8℃，相对密度 1.527，白色鳞片状或粉末状固体，溶于乙醇、苯，微溶于乙醚，稍溶于冷水，主要用于生产邻苯二甲酸酯类化合物。

邻苯二甲酸二丁酯：相对分子质量 278.18，沸点 340℃，折光率 $n_D^{20}=1.4911$，相对密度 1.045，无色透明油状液体，具有芳香气味，溶于大多数有机溶剂和烃类。是聚氯乙烯最常用的增塑剂之一，可使制品具有良好的柔软性，但耐久性差。稳定性、耐挠曲性、黏结性和防水性均优于其他增塑剂。邻苯二甲酸二丁酯还常用作胶黏剂和印刷油墨的添加剂，也用作一种杀体外寄生虫药。有毒性。

五、实验步骤

安全预防：邻苯二甲酸二丁酯有毒性，不要沾到皮肤和黏膜组织上。如不小心沾到，立即用大量清水冲洗。

1）粗产品合成

在 250 mL 三口烧瓶中，依次加入 12 g 邻苯二甲酸酐、22 mL 正丁醇、3～4 滴浓硫酸及几粒沸石，摇动使之充分混合。在三口烧瓶的中间口装分水器(分水器内事先装好一定量的水或正丁醇)，分水器上端安一球形冷凝管，在一个侧口配置一支温度计，其水银球伸至液面下，另一侧口用塞子塞紧，如图 4-15 所示。用电热套为热源，小火加热，约 10 min 后，可以观察到固体的邻苯二甲酸酐全部消失，这标志着形成邻苯二甲酸单丁酯的阶段已完成[1]。

稍微升高温度，使反应混合物沸腾，待酯化反应进行到一定程度时，可观察到冷凝管滴入分水器的冷凝液中有小水珠下沉。随着酯化反应的进行，分出的水层逐渐增加，反应混合液的温度升到 160℃时[2]，停止加热，反应时间约需 2.5 h。

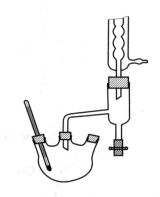

图 4-15 邻苯二甲酸二丁酯制备装置

2）粗产品洗涤、精制

当反应混合液冷却到 70℃以下时，将其移入分液漏斗中，用等体积饱和食盐水洗涤两次，再用少量 5%碳酸钠溶液中和。然后用饱和食盐水洗涤有机层到中性，分出油状粗产品倒入 100 mL 圆底烧瓶中，进行减压蒸馏(减压蒸馏装置及操作见减压蒸馏部分)，依次收集前馏分(主要是正丁醇)及产品邻苯二甲酸二丁酯在 200～210℃/2.67 kPa(20 mmHg)或 180～190℃/1.33 kPa(10 mmHg)下的馏分[3]。

3）产品分析

(1) 邻苯二甲酸二丁酯($C_{16}H_{22}O_4$)含量的测定

称取 1.5 g 样品，精确至 0.0001 g。加入 25.00 mL 氢氧化钠标准滴定溶液(c(NaOH)= 1 mol/L)，加入 25 mL 95%乙醇，在水浴上回流 30 min，冷却至室温，用少量无二氧化碳的水冲洗冷凝管壁，加 2 滴酚酞指示液(10 g/L)，用盐酸标准滴定溶液(c(HCl)=0.5 mol/L)滴定至红色消失即为终点。同时作空白试验。

将所得数据带入下列公式：

$$w_1 = \frac{(V_1 - V_2)c \times 0.1392}{m} \times 100\% - 1.6755 w_2$$

式中，w_1——邻苯二甲酸二丁酯的含量（质量百分数），%；

w_2——酸值（以邻苯二甲酸的质量百分数表示），%；

V_1——空白消耗盐酸标准滴定溶液的体积，mL；

V_2——样品消耗盐酸标准滴定溶液的体积，mL；

c——盐酸标准滴定溶液的实际浓度，mol/L；

0.1392——与 1.00 mL 盐酸标准滴定溶液（c(HCl)=1.000 mol/L）相当的，以克表示的邻苯二甲酸二丁酯的质量；

1.6755——酸度转化为酯含量的换算系数；

m——样品的质量，g。

（2）邻苯二甲酸二丁酯酸值的测定

先量取 20 mL 无水乙醇，加入两滴酚酞指示液（10 g/L），用氢氧化钠标准滴定溶液（c(NaOH)=0.05 mol/L）滴定至溶液呈粉红色，保持 30 s。再称取 5 g 样品，精确至 0.01 g，加入 20 mL 中性乙醇及两滴酚酞指示液（10 g/L），用氢氧化钠标准滴定溶液（c(NaOH)=0.05 mol/L）滴定至溶液呈粉红色，保持 30 s。将所得实验数据按以下公式计算：

$$w_2 = \frac{Vc \times 0.083\,07}{m} \times 100\%$$

式中，w_2——酸值（以邻苯二甲酸的质量百分数表示），%；

V——样品消耗氢氧化钠标准滴定溶液的体积，mL；

c——氢氧化钠标准滴定溶液的浓度，mol/L；

0.083 07——与 1.00 mL 氢氧化钠标准滴定溶液（c(NaOH)=1.000 mol/L）相当的以克表示的邻苯二甲酸的质量；

m——样品的质量，g。

实验所需时间：8 h。

六、注释

[1] 邻苯二甲酸酐和正丁醇作用生成邻苯二甲酸二丁酯的反应是分两步进行的，首先生成邻苯二甲酸单丁酯，这步反应进行得较迅速和完全；反应的第二步是可逆反应，这一步需要较高的温度和较长的时间，并要通过分水器将反应过程中生成的水不断从反应体系中移去。

[2] 邻苯二甲酸二丁酯在有无机酸存在下，温度高于 180℃易发生分解反应。

[3] 邻苯二甲酸二丁酯可在不同压力下蒸馏，其沸点与压力的关系为：

压力/Pa（压力/mmHg）	2666（20）	1333（10）	666.5（5）	266.6（2）
沸程/℃	200～210	180～190	175～180	165～170

七、思考题

（1）丁醇在硫酸存在下加热至高温时，可能有哪些副反应？

（2）如果浓硫酸用量过多，会有什么不良影响？

八、背景材料

增塑剂是广泛应用于橡胶和塑料工业的一类能增强塑料和橡胶柔韧性和可塑性的有机化合物。常用的增塑剂有邻苯二甲酸二丁酯（DBP）、邻苯二甲酸二辛酯（DOP）等。

5 绿色有机合成和天然产物提取实验

5.1 绿色化学及绿色有机合成简介

5.1.1 绿色化学的发展和12条原则

众所周知,有机化学特别是有机合成化学是一门发展得比较完备的学科。在人类文明史上,它对提高人类的生活质量作出了巨大的贡献。然而,不可否认,"传统"的合成化学方法以及依其建立起来的"传统"合成化学工业,对整个人类赖以生存的生态环境造成了严重的污染和破坏。以往解决问题的主要手段是治理、停产,甚至关闭,人们为治理环境污染花费了大量的人力、物力和财力。20世纪90年代初,化学家提出了与传统的"治理污染"不同的"绿色化学"的概念,即如何从源头上减少甚至消除污染的产生。通过研究和改进化学化工过程及相应的工艺技术,从根本上降低以至消除副产品或废弃物的生成,从而达到保护和改善环境的目的。绿色化学要求任何一个化学活动,包括使用的化学原料、化学和化工过程以及最终的产品,对人类的健康和环境都应该是友好的。因而,绿色化学的研究成果对解决环境问题是有根本意义的,对于环境和化工生产的可持续发展也有着重要的意义。

十几年来,绿色化学的概念、目标、基本原理和研究领域等已经逐步明确,初步形成了一个多学科交叉的新的研究领域。

具体来说,绿色化学的基本原理有以下几个方面:

(1) 防止污染的产生优于治理产生的污染;
(2) 原子经济性;
(3) 只要可行,应尽量采用毒性小的化学合成路线;
(4) 更安全的化学品设计应能保留其功效,但降低毒性;
(5) 应尽可能避免使用辅助物质(如溶剂、分离剂等),如用时应是无毒的;
(6) 应考虑到能源消耗对环境和经济的影响,并应尽量少地使用能源;
(7) 原料应是可再生的,而非将耗竭的;
(8) 尽量避免不必要的衍生化步骤;
(9) 催化性试剂(有尽可能好的选择性)优于当量性试剂;
(10) 化工产品在完成其使命后,不应残留在环境中,而应能降解为无害的物质;
(11) 分析方法必须进一步发展,以使在有害物质生成前能够进行即时的和在线的跟踪及控制;
(12) 在化学转换过程中,所选用的物质和物质的形态应能尽可能地降低发生化学事故的可能性。

1995年美国设立了总统绿色化学挑战奖,旨在奖励在创造性地研究、开发和应用绿色化学基本原理方面获得杰出成就的个人、集体或组织。从根本上说,绿色化学是要求化学家从一个崭新的角度来审视"传统"的化学研究和化工过程,并以"与环境友好"为基础和出发点提出新的化学问题,创造出新的化工技术。

5.1.2 以绿色化学的原则审视和发展绿色有机合成

基于绿色化学的原则,实现绿色有机合成的有效方法是在现实的可行的合成方法、合成路线基础上,尽可能地使用易得的、无害的原料或起始物,用简单的、安全的、环境友好的资源,有效地操作,低能耗地定量地转化成设计的目标分子。对于一条合成路线,绿色可能只是局部的,但完全实现绿色有机合成需要对传统的有机合成进行全面的发展和创新。

1. 选择"原子经济性"反应

1991年,著名化学家B. M. Trost提出以"原子经济性"的观念来评估化学反应的效率,也就是,要考察有多少反应物分子进入到最后的产物分子。理想的"原子经济性"反应,应该是有100%的反应物转化到最终产物中,而没有副产物生成。传统的有机合成化学比较重视反应产物的收率,而较多地忽略了副产物或废弃物的生成。例如,Wittig成烯反应是一个应用非常广泛的有机反应,但从绿色化学的角度来看,它生成了较多的副产物,"原子经济性"很差。经过多年的实践,许多化学家,包括一些企业界的人士都认识到"原子经济性"原则的重要性。B. M. Trost教授也因此获得了1998年美国总统绿色化学挑战奖学术奖。当然,目前真正属于高"原子经济性"的有机合成反应,特别是适于工业化生产的高"原子经济性"的有机合成反应还不多见。科学工作者应该自觉地用"原子经济性"的原则去审视已有的有机合成反应,并努力开发符合"原子经济性"原则的新反应。

(1) 加成反应——100%的原子经济性反应。如:1-溴丁烷的制备,传统方法是正丁醇与氢溴酸发生取代反应,有副反应发生,转化率很难达到100%。而其绿色合成是在过氧化物的引发下,氢溴酸与正丁醇发生加成反应,在室温下,转化率就接近100%了,是个原子经济性很好的反应。

(2) 过氧化氢为氧化剂的反应。过氧化氢的还原产物为水,原子经济性大,而其他氧化剂可能会带入一些有危害的还原产物。

(3) 协同型反应——如电环化反应、Diels-Alder反应等。

(4) 重排反应。

(5) 羟醛缩合反应。

2. 新的或非传统的"洁净"反应介质的开发利用

选择与环境友好的"洁净"的反应介质是绿色化学研究的重要组成部分。目前,除了一些个别的例子,如以甲苯代替有毒的苯作为反应介质外,大概主要有以下几种类型的反应介质:超临界和近(或亚)临界流体,水,离子液体等,还可以包括一些无溶剂的固态反应。

1) 超临界和近临界流体

超临界水的工作由于需要高压和高温,限制了其在有机反应中的应用。相对来说,近临界水需要的温度和压力都较低;作为溶剂,对有机物的溶解性能相当于丙酮或乙醇;近临界水足以既能溶解盐,又能溶解有机化合物;水与产物易分离,用于分离纯化的耗费很小。由于近临界水具有很大的离子化常数,对于某些需要酸催化或碱催化的反应,近临界水也可催化反应,而不必另加催化剂。近临界水的应用更适合于小规模、高附加值的化工过程。

2)以水为介质的有机反应

水相中的有机反应具有许多优点:操作简便,安全,没有有机溶剂的易燃、易爆等问题。在有机合成方面,可以省略许多诸如官能团的保护和去保护等的合成步骤。水的资源丰富,成本低廉,不会污染环境,因此是潜在的"与环境友善"的反应介质。从另一个角度看,长期以来,大部分有机反应是在有机溶剂中进行的,有的甚至必须在无水、无氧的条件下进行,有机合成反应的研究也是以有机反应介质为基础的。以水为介质必然会引出许多新问题,如:有机底物在水中的疏水作用;反应底物和试剂在水中的稳定性;水中存在的大量的氢键对反应的影响;以及水中有机反应的机理、水中反应的立体化学、适于水相反应的新试剂和新反应的发现和应用等。可以预见,水相有机反应的研究将会在有机合成化学中开辟出一个新的研究领域。2001年美国总统绿色化学挑战奖学术奖授予了李朝军教授也表明水相有机反应的研究正在受到越来越多的关注。

3)离子液体的应用

离子液体是指室温或低温下为液体的盐,由含氮、磷有机阳离子和大的无机阴离子(如BF_4、PF_6等)组成。离子液体对有机、金属有机、无机化合物有很好的溶解性,无可测蒸气压,无味,不燃,易与产物分离,易回收,可循环使用。可见,离子液体在作为与环境友好的"洁净"溶剂方面有很大的潜力。

3. 选择绿色合成原料或反应起始物

这方面的工作已有很多报道,重要的有:以二氧化碳代替光气合成异氰酸酯;催化的硝化反应,可少用或不用强酸;以二甲基碳酸酯代替硫酸二甲酯进行选择性甲基化反应;以二苯基碳酸酯代替光气与双酚 A 进行固态聚合等。特别应该指出的是,我国科学家利用自行设计的催化剂,在过氧化氢的作用下,直接从丙烯制备环氧丙烷。整个过程只消耗烯烃、氢气、分子氧,实现了高选择性、高产率、无污染的环氧化反应,替代或避免了易造成污染的氧化剂和其他试剂,被认为是一个"梦寐以求的(化学)反应"和"具有环境最友好的体系"。

将生物质(biomass)转化成动物饲料、工业化学品及燃料的技术是一个十分活跃的研究领域。如:将木质素作为原料的化学品制造技术;通过生物合成的方法,用葡萄糖制造商用化学品的研究;用生物质制造氢气的技术等,都是在材料的再利用方面很有意义的工作。生物质的利用以及人类生活中废弃物的再利用,有利于形成一个良性的生态循环。

4. 合理选择合成反应技术

随着绿色化学的推进,一些非传统的化学反应技术得到了发展,这些反应技术的特点是:反应速率快,反应物转化率大,产物选择性高,反应条件温和,有的是原子经济性反应,有的不需要溶剂,有的可以多种技术集成。在进行有机合成时,应合理选择使用合成技术,以满足绿色化学的要求。

(1) 光化学反应技术。光化学反应是以洁净、节能、节约为目标的化学合成方法。

(2) 微波化学反应技术。微波加热反应可以在溶液中进行,也可以无溶剂,固相反应也有很高的收率。大多数类型的有机反应都可以用微波加热。

(3) 超声波化学反应技术。超声波化学反应速率快、反应物转化率高,在传统条件下难以进行的反应,在超声波条件下可顺利进行。

(4) 使用高效无毒催化剂催化技术。

(5) 两相催化技术。利用氟相化学原理贵金属催化剂技术。

(6) 相转移催化技术。是指在相转移催化剂作用下,使有机相中的反应物与另一相(水相或固体相)中的反应物相遇而发生化学反应的一种方法。相转移催化使许多用传统方法很难进行或不能发生的反应能顺利进行,而且具有选择性好、条件温和、操作简单、反应速度快等优点,具有很好的实用价值。

(7) 生物催化和生物过程技术。利用酶或者生物有机体作为催化剂进行化学转化的过程。

绿色化学是一门新的交叉学科。绿色化学的内涵、原理、目标和研究内容需要不断地充实和完善。绿色有机合成作为绿色化学中至关重要的一部分,它的发展对保持良好的环境、社会和经济的可持续发展都有重要的意义,应该得到充分重视和大力支持。

5.2 绿色有机合成实验

本章根据不同的实验要求,依据绿色化学的基本原则,以绿色环保为宗旨,编排了一些有代表性的绿色有机合成实验。编排时,尽量选择可以减少反应介质所用的和由溶剂进行分离操作中产生的有毒溶剂,或能在最温和条件下反应的,或具有高效反应性的实验。对于产率低、反应物用量要求较多的传统的有机实验操作,优先选取无毒、无害、无二次污染的反应物和催化剂;对于要用到有毒有害物质的实验,在保证合成产物不变的条件下,直接选用无毒、无害的反应物质。

5.2.1 己二酸的绿色合成

一、实验开发点

本实验中,我们将采用 4.1 节"环己烯的制备"中制得的环己烯为原料,进行氧化断裂碳碳双键,最终得到产物己二酸。

传统的实验室规模的烯烃氧化断裂通常是在热的碱性高锰酸钾溶液中完成的。这个方法涉及苛刻的氧化剂并且产生大量的 MnO_2 废物。传统工业上合成己二酸使用硝酸(本书前面的己二酸基础制备实验也是用的这种方法),硝酸是一个强氧化性酸,存在许多化学安全方面的危害和使环境受到污染的风险。硝酸能与有机物发生强烈的反应,产生严重事故。另外,在己二酸的制备中使用硝酸导致温室气体 NO_x 的排出。

在这个实验中,我们将研究另一种氧化过程,用钨酸钠(Na_2WO_4)作催化剂,过氧化氢氧化环己烯生成己二酸。这个过氧化氢方法比硝酸氧化反应环保,同时也比传统的高锰酸钾氧化反应更环保一些,避免需要强碱反应介质且只产生副产物水。虽然此反应机理没有被确定,重要的是,这个反应另一个环保优势是,钨酸盐起到催化作用,在反应过程中生成的钨通过过氧化氢又氧化成钨酸盐。

钨酸钠仅在水中溶解,而环己烯不溶于水。因此,当环己烯和钨酸钠水溶液以及过氧化氢混合时,将呈现两个不相容的液相。为了使这个反应尽可能环保,我们想避免使用任何其他溶剂。为了使环己烯和钨酸盐发生反应,我们需要提高钨酸盐在环己烯中的溶解性。这可以通过"相转移催化"技术实现。带有疏水基团的离子态的铵盐,在极性较小的介质中通常是可溶解的,并且形成氢键的能力比水强。通过离子配对,这种盐能携带带负电荷的物质进入到那些极性弱的介质中,从而使它们充分反应。这种现象称为相转移,因为它实现了反应物从一种相转移到另一种相。在这个实验中,我们将使用商品相转移催化剂,即季铵氯化物(Aliquat 336)。因为它和钨酸钠都起催化作用,所以,只有过氧化物需要作为化学计量反应物。

二、实验步骤

安全预防:避免接触到相转移催化剂,因为它有刺激性而且会伤害到皮下组织。避免将过氧化氢沾到身体和衣服上。环己烯易燃,而且它的气味非常难闻。

1) 反应

(1) 将 0.50 g 的钨酸钠二水合物加入到 50 mL 的三口圆底烧瓶中。

(2) 加 0.5 g Aliquat 336——这是一种非常黏的液体,转移起来非常困难,因此可以直接称重到反应烧瓶中。下一步,加 11.98 g 30% 的过氧化氢和 0.37 g 的 $KHSO_4$ 到反应混合物中,然后加入 2.00 g 环己烯。混匀后,装上搅拌棒和球形冷凝管。提示:试剂的加入顺序很重要。有效的搅拌对反应的成功很重要。球形冷凝管的作用是避免反应中环己烯的损失。

(3) 加热回流 1 h,同时快速搅拌。加热时控制加热温度,使环己烯蒸气不能超过球形冷凝管的 1/3 处。大约回流进行到一半时,用几毫升的水冲洗粘在冷凝管上的环己烯。相转移催化作用视有机层和水层的混合效率,因此,尽可能快速彻底地搅拌是重要的。间歇地停下搅拌,观察是否仍然有两层存在,当不再分为两层时,反应是完全的。

2) 后处理

(1) 用一个吸管转移热的反应混合物到一个小烧杯中,留下所有已经分开的相转移催化剂。(通常催化剂会粘在烧瓶壁或在烧瓶底部形成一个分离的油层。仔细完成这一步是成功纯化的关键。留一点水溶液在后面比冒着溶液被相转移催化剂污染的风险要好。)

(2) 在冰水浴中快速冷却含有反应混合物的烧杯,己二酸晶体逐渐析出。待析出完全后,使用布氏漏斗真空过滤收集粗产品。

(3) 粗产品风干或烘干后,称重,测熔点。

3) 纯化和表征

使用最少量的热水将粗产品重结晶。测重结晶后的产品质量和熔点。

三、思考题

(1) 估计在粗产品中可能有什么杂质?

(2) 当回流反应完成后,反应混合物中仍然含有环己烯吗?

(3) 己二酸的工业制法用硝酸氧化环己醇。列出此方法的危害,简要评述与这一工业过程有关的环境影响和个人暴露的危险。

5.2.2 微波辐射法合成乙酰水杨酸

一、实验开发点

微波是指电磁波谱中位于远红外与无线电波之间的电磁辐射,微波能量对材料有很强的穿透力,能对被照射物质产生深层加热作用。对微波加热促进有机反应的机理,目前较为普遍的看法是极性有机分子接受微波辐射的能量后会发生每秒几十亿次的偶极振动产生热效应,使分子间的相互碰撞及能量交换次数增加,因而使有机反应速度加快。另外,电磁场对反应分子间行为的直接作用而引起的所谓"非热效应",也是促进有机反应的重要原因。与传统加热法相比,其反应速度可快几倍至千倍以上。目前微波辐射已迅速发展成为一项新兴的合成技术。

传统的乙酰水杨酸制备中采用酸催化合成法,它存在着相对反应时间长、乙酸酐用量大和副产物多等缺点。本实验将微波辐射碱催化法用于合成乙酰水杨酸,具有明显的优点:反应时间缩短、酸酐用量减少和合成收率提高。获得较好效果的原因是采用了较好的合成途径和微波辐射技术,碱催化方法可避免副产物(主要是聚水杨酸)的生成,微波辐射技术则大大提高了反应速率。和传统方法相比,新型实验具有反应时间短、产率高、物耗低及污染少等特点,体现了新兴技术的运用和大学化学实验绿色化的改革目标。

二、实验步骤

1) 微波辐射反应

在 50 mL 干燥的锥形瓶中加入 2.0 g(0.014 mol)水杨酸和约 0.1 g 碳酸钠,再用移液管加入 2.8 mL(3.0 g,0.029 mol)乙酸酐,轻轻振荡混合均匀,放入微波炉中,在微波辐射输出功率 480 W(60%火力)下,微波辐射 20~40 s。

2) 粗产品析出

将锥形瓶取出后,反应液清亮,温度为 80~90 ℃。稍冷,加入约 5 mL 0.5 mol/L 的盐酸水溶液调至 pH 为 3~4,将混合物继续在冰水中冷却使结晶完全。减压过滤,用少量冷水洗涤结晶 2~3 次,抽干,得乙酰水杨酸粗产品。

3) 粗产品重结晶、称重及检验

粗产品用乙醇-水混合溶剂(1 体积 95%的乙醇+2 体积的水)约 16 mL 重结晶,干燥,得白色晶状乙酰水杨酸,称重,测熔点。产品结构还可用 2% $FeCl_3$ 水溶液检验。

三、思考题

(1) 将微波合成法的实验结果与常规法合成乙酰水杨酸的结果进行对比,并说明微波法的优点。

(2) 在本实验中,碳酸钠起到什么作用?

5.2.3 超声辅助合成苯亚甲基苯乙酮

一、实验开发点

20世纪80年代以来,随着声化学的发展,超声辐射在有机合成中的应用研究呈蓬勃发展之势,已广泛应用于氧化、还原、取代、缩合和水解等反应,几乎涉及有机反应的各个领域。大量的文献报道和许多实验表明:超声辐射可以改善反应条件,加快反应速率,提高反应产率。鉴于超声辐射的特点,本实验引入超声辐射技术来促进苯亚甲基苯乙酮的绿色合成。

苯亚甲基苯乙酮,也称查尔酮,淡黄色棱状晶体,产品熔点56~57℃,沸点345~348℃(分解)。相对密度1.0712。溶于乙醚、氯仿、二硫化碳和苯,微溶于乙醇,不溶于石油醚。能发生取代、加成、缩合、氧化、还原反应。主要用作有机合成试剂,如甜味剂的合成。

传统方法中,苯亚甲基苯乙酮是由苯甲醛和苯乙酮在10%的氢氧化钠溶液催化下缩合而成。为了控制苯甲醛的滴加速度,反应通常在装有搅拌器、温度计和滴液漏斗的三颈瓶中进行。反应时间由滴加苯甲醛起至加入晶种继续搅拌待反应瓶中有结晶时止,需1.5~2.0 h,产率67%~72%。在超声辐射下,只要按顺序将药品、催化剂依次加入磨口三角瓶,放入超声清洗器中,超声辐射30~35 min,反应瓶中即有晶体析出。用冷乙醇洗涤后,即可收到很好的结晶。

通过苯亚甲基苯乙酮的合成,比较传统方法与超声辐射法,明显观察到超声辐射法不仅装置简单、操作简便、反应速率快,而且催化剂氢氧化钠的用量较传统方法降低了1/2,对环境友好。反应方程式如下:

$$C_6H_5CHO + CH_3COC_6H_5 \xrightarrow{NaOH} C_6H_5CHOHCH_2COC_6H_5 \xrightarrow{-H_2O} C_6H_5CH=CHCOC_6H_5$$

二、实验步骤

1) 超声辅助反应

(1) 称量6.3 mL 10% NaOH水溶液,7.5 mL 95%乙醇,3 mL(3.00 g,25 mmol)苯乙酮,依次加入100 mL磨口三角瓶中,冷却至室温,再加入新蒸馏的苯甲醛2.5 mL(2.65 g,25 mmol)。

(2) 将反应瓶置于超声清洗槽中,使反应瓶中的液面略低于清洗槽水面,开启超声波清洗器。

(3) 控制清洗槽中水温25~30℃,反应30~35 min,有结晶析出,停止反应。

2) 粗产物结晶析出

将反应瓶置于冰浴中冷却,使其结晶完全,抽滤。

3) 粗产物洗涤、干燥、称重

用冷水洗涤产品至滤液呈中性,再用2.5 mL冷乙醇洗涤,干燥。称重、计算产率,测定熔点。

三、思考题

(1) 对本实验来说,采用超声波辐射法与传统合成方法相比有哪些优点?并简述超声促进反应原理。

(2) 在本实验中,为何使用10%而不是更高浓度的碱溶液?

5.2.4 氨基磺酸催化绿色合成乙酸异戊酯

一、实验开发点

乙酸异戊酯是无色透明液体,具有香蕉和梨的香味,主要用作香料及溶剂。乙酸异戊酯密度为0.869～0.874 g/mL,折射率为1.4000～1.4040,沸点为137～143℃。长期以来,酯类的合成一直以硫酸为催化剂,由于硫酸的脱水氧化作用,导致副产物多,产物后处理复杂,腐蚀设备,废液污染严重。因此,寻求腐蚀性小、无氧化性、对环境无污染或少污染、合成产率高的催化剂,一直是人们探索的目标。

本实验以氨基磺酸为酯化反应催化剂,由乙酸和异戊醇反应合成乙酸异戊酯,该反应时间短,产物后处理简单,催化剂性质稳定、安全、容易得到。最重要的是,催化剂不溶于醇、酸和酯,反应停止后,氨基磺酸从溶液中析出,经过简单的相分离即可重复使用,既节省原料又不污染环境,符合绿色化学原则。

乙酸异戊酯的合成反应方程式为:

$$CH_3COOH + (CH_3)_2CHCH_2CH_2OH \xrightarrow{NH_2SO_3H} CH_3COOCH_2CH_2CH(CH_3)_2 + H_2O$$

二、实验步骤

1) 反应

(1) 向100 mL三口烧瓶中加入0.25 g(0.0025 mol)氨基磺酸、12.0 g(0.2 mol,约11.5 mL)乙酸、19.5 g(0.22 mol,约25 mL)异戊醇,再加入搅拌子。将装有药品的烧瓶置于恒温磁力加热搅拌器上,上端接分水器和回流冷凝管。开启磁力加热搅拌器,观察反应现象。

(2) 当回流反应进行约2 h时,分水器中水量不再增加,停止加热。

(3) 冷却反应体系至室温,把分水器中的油层顶回到反应器中;放出水层,记录总的分水体积。

(4) 此时氨基磺酸为固体形式,用倾液法将催化剂和烧瓶中粗产物分开(催化剂可重复使用)。

2) 后处理

用水反复洗涤粗产物至中性,加入无水硫酸钠(约2 g)干燥后分离粗产品。常压蒸馏干燥后的粗产品,收集139～143℃的馏分,即得无色透明、具有香蕉香味的乙酸异戊酯。称重并计算产率。

三、思考题

(1) 为什么采用过量的异戊醇?

(2) 计算:反应完全时应分出多少毫升水?产率?

(3) 与传统的酯化反应实验相比,本实验依据绿色化学原则做了哪些改进?

5.2.5 1,2-二苯乙烯的绿色溴化

一、实验开发点

烷烃的反应活性较低,为了提高它们的反应活性,可以使烯烃被卤化成反应活性较高的卤代烃。烯烃的溴化,溴加成到双键上得到邻位二溴代物,是一个加成反应。

在本实验中,将实现(E)-1,2-二苯乙烯(反式-1,2-二苯乙烯)的溴化,得到1,2-二溴-1,2-二苯乙烷。通常,烯烃的溴化是用溴在四氯化碳或二氯甲烷溶剂中进行的。这两种溶剂都被怀疑是致癌物质。溴单质易挥发并且腐蚀性很强,和皮肤接触会引起强烈的烧伤,并且会对呼吸系统造成极大危害。

本实验中,我们将利用溴的原位生成(溴不是被加进去的,而是在反应过程中产生的),通过氢溴酸与过氧化氢的氧化,达到(E)-1,2-二苯乙烯溴化生成1,2-二溴-1,2-二苯乙烷的目的(通过氢溴酸与过氧化氢的氧化原位生成溴)。

$$2HBr + H_2O_2 \longrightarrow Br_2 + 2H_2O$$

二、实验步骤

安全预防:氢溴酸是腐蚀性酸,应避免直接接触和蒸气的吸入。过氧化氢是极强的氧化剂,可以瞬间损坏衣服及损伤包括皮肤在内的机体组织。

1) 反应

(1) 在50 mL的圆底烧瓶中加入0.5 g的(E)-1,2-二苯乙烯和10 mL的乙醇,放入一个磁力搅拌子,并在圆底烧瓶上口安装球形冷凝管。

(2) 夹住圆底烧瓶,用水浴加热并搅拌。边搅拌边加热混合物保持回流,继续加热和搅拌,直到大多数固体物质溶解为止。

(3) 缓慢地加入1.2 mL浓的氢溴酸水溶液,这可能会产生一些1,2-二苯乙烯沉淀,但是继续加热和搅拌,大多数固体又将溶解(继续下一步操作,即使有一些未溶解的固体)。

(4) 量取0.8 mL 30%的过氧化氢,逐滴加入到反应混合物中。开始时无色的混合物将变成暗金黄色。

(5) 保持回流,继续搅拌和加热反应混合物,直到黄颜色消失,混合物呈现乳白色。

2) 后处理和分离

(1) 从热水浴中移开圆底烧瓶并冷却至室温。用pH试纸检查溶液的酸碱性,通过加入饱和碳酸氢钠溶液将溶液的pH小心调为5~7之间,有时,仅需要非常少量的碳酸氢钠。

(2) 在冰水浴中冷却反应混合物使更多的产品从溶液中析出,经真空过滤收集固体,用冷水洗涤。用冷的乙醇洗涤产物能够帮助去除微量的杂质,但是,必须小心使用,避免溶解过量的产品。持续抽真空直到产物干燥。

(3) 称重,测熔点。

三、思考题

(1) 描述产品的颜色和状态。报告产品的质量和产率。

(2) 计算出反应的原子经济性,并对此实验进行经济性分析。

5.2.6 微波辅助 Perking 反应合成肉桂酸

一、实验开发点

通常,制备肉桂酸的方法是由苯甲醛和乙酸酐缩合脱水而得,或以苯甲醛和丙二酸为原料在碱性介质中缩合制备,这种热缩合反应时间长、温度高、产率低。

近年来,微波辐射在合成化学中的应用越来越受到重视,特别是在有机合成领域中的研究和应用越来越广泛。例如,醇的氧化反应、醛和酮的氧化反应、脱肟基化反应、芳香化合物的偶联反应、缩合反应等均能在微波辐射下快速完成,使一些使用常规方式需要长时间才能完成的反应只需要几分钟乃至数十秒即可完成。

本实验利用乙酸铵为催化剂,在微波辐射下由苯甲醛和丙二酸在无溶剂的条件下发生 Perkin 缩合反应,合成肉桂酸,反应时间短,实验过程简单,产率高,基本无环境污染。

反应式如下:

二、实验步骤

1) 微波辅助反应

(1) 在 100 mL 的磨口锥形瓶中分别加入丙二酸 5.2 g(0.05 mol)和乙酸铵 4.6 g(0.06 mol),在锥形瓶中用玻璃棒压碎固体颗粒并搅匀。

(2) 加入苯甲醛 5.3 g(0.05 mol),然后置于微波炉中,并与微波炉上的回流冷凝装置连接,通入冷凝水,开启微波炉,辐射 8 min。反应混合物完全熔融成液体并有气体放出(反应过程中切记不能打开炉门)。

(3) 结束后,在室温下放置,待气泡完全消失,熔融物液体变成白色固体。

2) 粗产物结晶、洗涤、称量

(1) 向其中加入 60 mL 冰水,搅动并粉碎固状物,浸泡 10~15 min,过滤,除去催化剂及未反应的丙二酸。

(2) 用约 100 mL 冰水洗涤沉淀,得白色粉状产品。

(3) 称重及测熔点(据文献报道,熔点为 134~135 ℃)。

(4) 产品若带颜色,可做进一步提纯(提纯可以不做)。提纯方法如下:将产品溶于适量的 NaOH 溶液中,过滤,除去黄色不溶物,向滤液中加入 HCl 溶液,调整 pH 为 1~2,使产品以白色沉淀析出,抽滤得到白色纯品。

三、注意事项

(1) 反应无须搅拌,因此,无须连接三口连接管。

(2) 连接冷凝管并通冷凝水后,按加热键,选择要使用的微波功率(本实验选择 P30,即总功率的 30%,240 W);按时间键调至 8 min,按开始键,开始运行。

(3) 运行时,尽量不要太靠近反应微波炉。如果有异样,按取消键,停止运行。

(4) 反应结束后,可以打开炉门降温,可以看到仍有气泡逸出,为 CO_2。由于此时反应装置很热,切记不要直接用手碰锥形瓶。温度降低后,可以垫上毛巾,拿出反应装置。

(5) 倘若炉腔内着火,千万不要打开炉门,而是快速按取消键,停止运行,切断电源,然后采用常规方法灭火。

(6) 当长时间使用时,微波炉会因炉内温度过高而自动停止。此时关掉微波炉,打开炉门,降一下温度,可继续使用。

四、思考题

(1) 简述微波促进作用原理及优点。
(2) 微波辐射时,如何防止温度太高而引起反应物挥发损失或产物进一步氧化?
(3) 使用微波,如何进行安全防护?

5.3 天然有机产物的提取和分离

5.3.1 从茶叶中提取咖啡因

一、实验目的

(1) 学习生物碱提取的原理和方法。
(2) 掌握升华的操作方法。

二、实验原理

茶叶中含有多种生物碱,其中主要成分为咖啡碱(又名咖啡因,Caffeine,占 1%~5%)、少量的茶碱和可可豆碱,它们的结构如下:

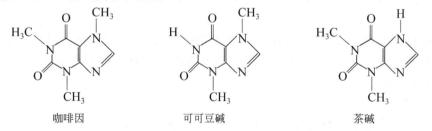

咖啡因　　　　　　可可豆碱　　　　　　茶碱

此外含有丹宁、色素、纤维素和蛋白质等。

咖啡因的学名为 1,3,7-三甲基-2,6-二氧嘌呤,它是具有绢丝光泽的无色针状结晶,含有一个结晶水,在 100℃ 时失去结晶水开始升华,在 178℃ 可升华为针状晶体,无水物的熔点为 235℃,是弱碱性物质,味苦。易溶于热水(约 80℃)、乙醇、丙酮、二氯甲烷、氯仿,难溶于石油醚。

可可豆碱学名为 3,7-二甲基-2,6-二氧嘌呤,在茶叶中约含 0.05%,无色针状晶体,味苦。熔点 342~343℃,能溶于热水,难溶于冷水、乙醇,不溶于醚。

茶碱的学名为 1,3-二甲基-2,6-二氧嘌呤,是可可豆碱的同分异构体,白色微小粉末结晶,味苦。熔点 273℃,易溶于沸水,微溶于冷水、乙醇。

茶叶中的生物碱对人体具有一定程度的药理作用。咖啡因具有强心作用,可兴奋神经中枢。咖啡因、茶碱和可可豆碱可用提取法或合成法获得。

由于干茶叶中咖啡因的含量较低,仅为1%～5%,实验中,影响咖啡因的收率及纯度的因素诸多,几乎贯穿实验的全过程。实验者必须认真对待每一个细小的环节,谨慎细心地操作,并且不断总结经验,才能提高产品的产量与质量,取得理想的效果。

三、仪器与试剂

仪器：索氏提取器,恒温水浴锅,蒸发皿,玻璃漏斗,砂浴锅。
试剂：红茶,95%乙醇,生石灰。

四、实验步骤

1) 咖啡因的萃取

称取10 g红茶的茶叶末放入Soxhlet提取器的滤纸筒中[1],加入适量95%乙醇淹没茶叶,但低于虹吸管,再往下面的圆底烧瓶中加入适量95%乙醇(圆底烧瓶容积的1/2～2/3),用恒温水浴锅加热回流提取[2],直到提取液颜色较浅为止(2～3 h),待最后一次冷凝液刚刚虹吸下去时即可停止加热。

本阶段的主要影响因素如下：

(1) 滤纸筒内的茶叶末不宜填装得过多或过紧,否则溶剂不易渗透到内部,提取效果不好,严重时还可能阻碍虹吸。茶叶的高度也不应超出Soxhlet提取器的回流管,以保证茶叶能够全部被回流液浸泡,提高提取效率。

(2) 回流时间的把握以提取液接近无色为宜。时间太短,抽提不完全,收率降低;时间过长又会造成热源和人力的不必要浪费。

(3) 萃取结束时,要在最后一次冷凝液刚刚虹吸下去时立即停止加热,以保证所有冷凝液全部转移到烧瓶中,减少被提取物的损失。

2) 蒸馏浓缩(回收溶剂)

待圆底烧瓶稍冷后,改成蒸馏装置,把提取液中的大部分乙醇蒸出(回收),停止蒸馏时,必须保证烧瓶中有一定量(3～5 mL)的乙醇溶剂残留,否则残液太稠,很难将所有提取物全部转移出来,会造成产品损失。

3) 蒸发干燥

趁热把圆底烧瓶中的剩余液倒入蒸发皿中。往蒸发皿中加入4 g生石灰粉[3],搅成浆状,在水浴上蒸干,除去水分,使之成粉状(不断搅拌,压碎块状物),然后继续用水浴加热,焙炒片刻,直至除去全部水分[4]。

本阶段的主要影响因素如下：

(1) 必须要趁热将残液转移至蒸发皿中,温度稍低便会有咖啡因晶体附着在烧瓶壁上难以移出,造成产品损失。

(2) 蒸发溶剂时要用水浴加热,不可直接用酒精灯或电热套等加热,以防温度过高,蒸发速度过快,造成咖啡因提前升华而损失。

4) 升华法提取咖啡因

在蒸发皿上盖一张刺有许多小孔且孔刺朝上的滤纸,再在滤纸上罩一个大小合适的漏斗,漏斗颈部塞一小团疏松的棉花,用砂浴锅或调温电热套小心加热,适当控制温度在180～220℃,当滤纸上出现许多白色针状晶体时,适当减小火力,使升华速度放慢,当发现有棕色烟雾时,即升华完毕,停止加热。冷却至100℃以下后,取下漏斗,轻轻揭开滤纸,用小刀将附在滤纸上下两面的咖啡因仔细刮下,残渣经搅拌后,用较大的火再加热片刻,使升华完全,合并几次升华的咖啡因,称量。

本阶段的主要影响因素如下:

(1) 在滤纸上刺孔时孔径大小要适中,这样既可让咖啡因蒸气溢出,又防止冷却的咖啡因晶体脱落下来。

(2) 漏斗口径要略小于蒸发皿的口径,漏斗一定要压实,且颈部要塞好棉花,以防升华的咖啡因从滤纸缝隙逃逸而损失。

(3) 升华是本实验最为关键的一个环节,操作过程一定要保持缓慢升温。用砂浴加热时,要考虑到砂子导热慢、受热不均匀的因素,需要多点测定温度。不论哪种加热方法,温度都一定要使控制在180～220℃,温度过低,升华速度太慢;温度过高,产物易炭化变黑,会严重影响纯度及收率,甚至会导致整个实验的失败。

(4) 一定要待出现棕色烟雾时,再停止加热,以尽量使绝大部分咖啡因得以升华。

(5) 停止升华操作时,务必要等温度降至100℃以下时方可取下漏斗,否则会有已升华的咖啡因还没来得及结晶就挥发掉了,减少了产品收率。

五、注释

[1] 红茶中含咖啡因约3.2%,绿茶中含咖啡因约2.5%,实验选择红茶。

[2] Soxhlet中的滤纸筒的大小要紧贴器壁,既能取放方便,其高度又不得超过虹吸管;滤纸包茶叶时要严密,滤纸筒上边缘要向内折成凹形。

[3] 生石灰起中和作用,以除去丹宁等酸性物质。

[4] 如水分未能除净,将会在下一步加热升华开始时在漏斗内出现水珠。若遇此情况,则用滤纸迅速擦干漏斗内的水珠并继续升华。

六、思考题

(1) 除了用升华法提纯咖啡因外,还可用何种方法?试写出实验方案。
(2) 索氏提取器的萃取原理是什么?它与一般的浸泡萃取比较,有哪些优点?
(3) 本实验进行升华操作时,应注意什么?

5.3.2 红辣椒中色素的分离

一、实验目的

(1) 学习从红辣椒中萃取出色素的方法。
(2) 掌握薄层层析分析和柱层析分离的操作。

二、实验原理

红辣椒中含有多种色素,已知的有辣椒红、辣椒玉红素和β-胡萝卜素,它们都属于类胡萝卜素类化合物,从结构上说则都属于四萜化合物。其中辣椒红是以脂肪酸酯的形式存在的,它是辣椒显深红色的主要因素。辣椒玉红素可能也是以脂肪酸酯的形式存在的。

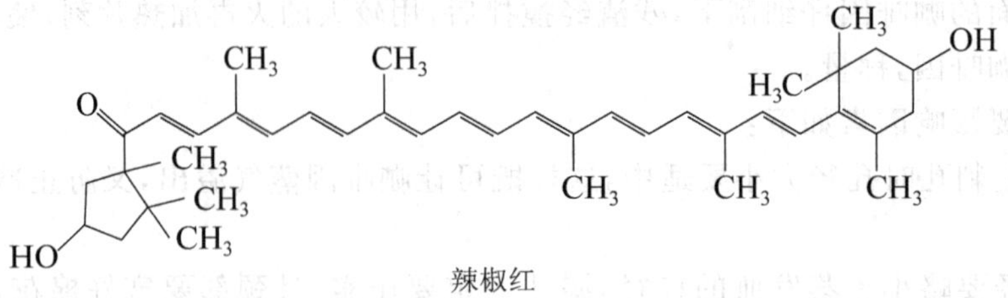

辣椒红

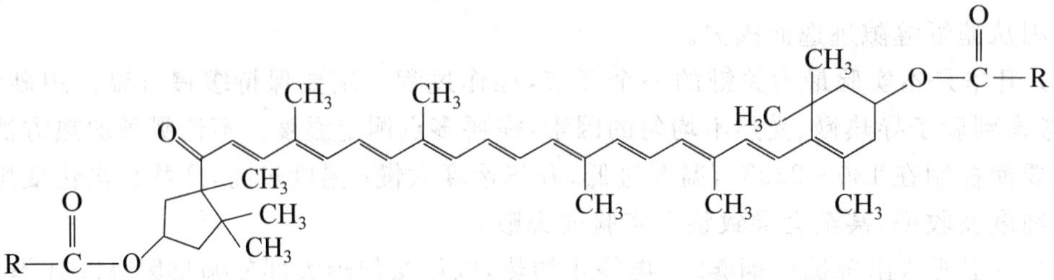

辣椒玉红素辣椒红脂肪酸酯(R=3个或更多碳的链)

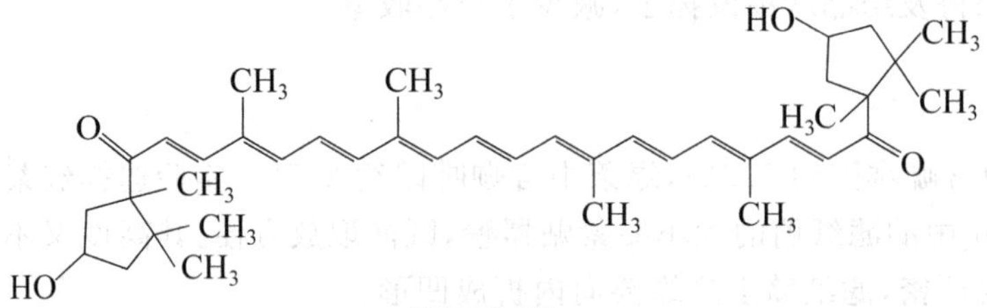

辣椒玉红素

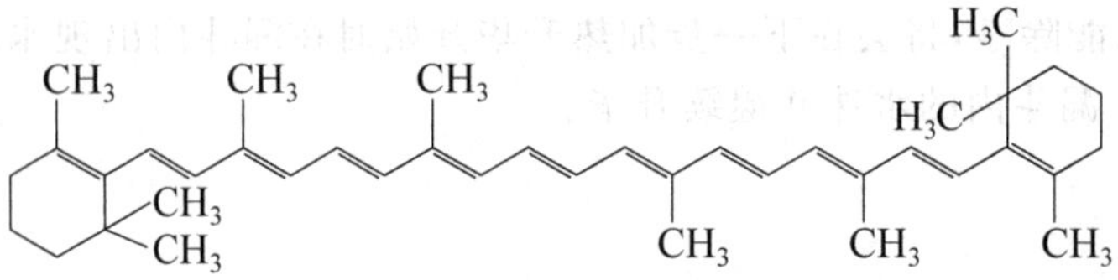

β-胡萝卜素

本实验是用二氯甲烷为萃取溶剂,从红辣椒中萃取出色素,经浓缩后,用薄层层析法作初步分析,再用柱层析法分离出红色素,有条件时用红外光谱鉴定并测定其紫外吸收。

三、仪器与试剂

仪器:烧瓶 50 mL,冷凝管,水浴锅,薄层层析装置,柱层析装置,薄层板,烧杯 100 mL。
试剂:红辣椒 2 g,二氯甲烷 500 mL,石油醚 250 mL。

四、实验步骤

1) 色素的萃取和浓缩

将干的红辣椒剪碎研细,称取 2 g,置于 50 mL 圆底烧瓶中,加入 20 mL 二氯甲烷和 2~

3 粒沸石,装上回流冷凝管,水浴加热回流 40 min。冷至室温后抽滤。将所得滤液加热蒸馏浓缩至剩约 2 mL 残液,即为混合色素的浓缩液。

2) 薄层层析分析(见薄层层析的操作)

铺制 CMC 硅胶薄层板(2.5 cm×7.5 cm)2 块,晾干并活化后取出 1 块,用平口毛细管汲取之前制得的混合色素浓缩液点样,用 1 体积石油醚(30～60℃)与 3 体积二氯甲烷的混合液作展开剂[1],展开后记录各斑点的大小、颜色并计算其 R_f 值。已知 R_f 值最大的 3 个斑点是辣椒红的脂肪酸酯、辣椒玉红素和 β-胡萝卜素,试根据它们的结构分别指出这 3 个斑点的归属。

3) 柱层析分离(见柱层析的操作,采用湿法装柱和湿法加样)

选用内径 1 cm、长约 20 cm 的层析柱,先在层析柱的活塞上涂凡士林,然后在柱中加入 10 mL 二氯甲烷,再将 40 g 硅胶(100～200 目)用 25 mL 二氯甲烷调成糊状(能流动即可),以湿法装柱。柱顶放一个滤纸片,保持柱顶液面高为 1～2 mm,柱装好后用滴管汲取混合色素的浓缩液[2]约 1 mL 加入柱顶。小心冲洗柱内壁后改用体积比为 3∶8∶5 的石油醚(30～60℃)、二氯甲烷、乙醇混合液淋洗[3],用不同的接收瓶分别接收先流出柱子的 3 个色带。当第 3 个色带完全流出后停止淋洗。

注:硅胶粒径为 60～100 目时分不开,200～300 目时流动相在柱中流不动。硅胶的粒径比为 60～100 目∶100～200 目∶200～300 目＝252∶238∶143 时分离效果较好。

4) 柱效和色带的薄层检测

取三块硅胶薄层板,画好起始线,用不同的平口毛细管点样[4]。每块板上点两个样点,其中一个是混合色素浓缩液,另一个分别是第一、第二、第三色带。仍用体积比为 1∶3 的石油醚-二氯甲烷混合液作展开剂展开。比较各色带的 R_f 值,指出各色带是何种化合物。观察各色带样点展开后是否有新的斑点产生,推估柱层析分离是否达到了预期效果。

5) 红色素的红外光谱鉴定和紫外吸收

将柱中分得的红色带浓缩蒸发至干,充分干燥后用溴化钾压片法作红外光谱图,与红色素纯样品的谱图相比较,并说明在 3100～3600 cm^{-1} 区域中为什么没有吸收峰。

(用自己分得的红色素作紫外光谱,确定 λ_{max})。

实验所需时间:约 8 h。

五、注释

[1] 本展开剂一般能获得良好的分离效果。如果样点分不开或严重拖尾,可酌减点样量或稍增二氯甲烷比例。

[2] 混合色素浓缩液应留出 1～2 滴用于实验步骤 4)。

[3] 此淋洗剂一般可获得良好分离效果。如色带分不开,可酌增二氯甲烷比例。

[4] 不可用同一支毛细管汲取不同的样液。

5.3.3 菠菜叶色素的分离

一、实验目的

(1) 通过绿色植物色素的提取,了解天然物质分离提纯的方法。

(2) 通过柱色谱和薄层色谱的分离操作,了解有机物色谱分离鉴定原理和操作方法。

二、实验原理

植物绿叶中含有多种天然色素,最常见的有胡萝卜素、叶绿素和叶黄素等,其结构为:

R=CH₃：叶绿素a   R=CHO：叶绿素b

R=H：β-胡萝卜素   R=OH：叶黄素

本实验是从菠菜叶中提取以上色素,用柱层析分离后用薄层层析检测。

三、仪器与试剂

仪器：研钵,布氏漏斗,抽滤瓶,分液漏斗,展开槽,载玻片(2.5 cm×7.5 cm)6 块,层析柱(2 cm×20 cm)。

试剂：硅胶 H,羧甲基纤维素钠,中性氧化铝(150~160 目),甲醇,95%乙醇,丙酮,乙酸乙酯,石油醚,菠菜叶。

四、实验步骤

1) 菠菜叶色素的提取

(1) 将菠菜叶洗净,甩去叶面上的水珠,摊在通风橱中抽风干燥至叶面无水迹。称取 20 g,用剪刀剪碎,置于研钵中,加入 20 mL 甲醇,研磨 5 min,转入布氏漏斗中抽滤[1],弃去滤液。

(2) 将布氏漏斗中的糊状物放回研钵,加入体积比为 3:2 的石油醚-甲醇混合液 20 mL,研磨,抽滤[1]。用另一份 20 mL 混合液重复操作,抽干。合并两次的滤液,转入分液漏斗,每次用 10 mL 水洗涤 2 次[2],弃去水-醇层,将石油醚层用无水硫酸钠干燥后滤入蒸馏瓶中,水浴加热蒸馏至剩约 1 mL 残液。

2) 柱层析分离

(1) 将选好的层析柱竖直固定在铁架台上,加石油醚约 15 cm 深,把 20 g 中性氧化铝(150~160 目)通过玻璃漏斗缓缓加入,同时从柱下慢慢放出石油醚,使柱内液面高度大体保持不变。必要时用装在玻棒上的橡皮塞轻轻敲击柱身,以使氧化铝均匀沉降。始终保持沉积面上有一段液柱。

(2) 氧化铝加完后小心控制柱下活塞使液面恰恰降至与氧化铝沉积面相平齐,关闭活塞,在沉积面上再加盖一张小滤纸片。

(3) 用滴管吸取之前制得的色素溶液,除留下一滴作薄层层析用之外,其余部分加入柱中。开启活塞使液面降至滤纸片处,关闭活塞。

(4) 将数滴石油醚贴内壁加入以冲洗内壁,再放出液体至液面与滤纸相平齐。重复冲洗操作2~3次,然后改用9∶1(体积比)的石油醚-丙酮混合溶剂淋洗。当第一个色带(橙黄色)开始流出时更换接收瓶接收,当第一色带完全流出后再更换接收瓶并改用体积比为7∶3的石油醚-丙酮混合液淋洗第二色带[3]。最后改用体积比为3∶1∶1的正丁醇-乙醇-水混合液淋洗第三和第四色带。

3) 薄层层析检测柱效

铺制羧甲基纤维素钠硅胶板6块,点样,用体积比为8∶2的石油醚-丙酮混合液作展开剂,展开后计算各样点的R_f值,观察各色带样点是否单一,以认定柱中分离是否完全。建议按下表次序点样。

薄板序号	一		二		三		四		五		六
样点序号	1	2	3	4	5	6	7	8	9	10	备补
点样物质	原提取液	原提取液	原提取液	第一色带	原提取液	第二色带	原提取液	第三色带	原提取液	第四色带	

各样点的R_f值因薄层厚度及活化程度不同而略有差异。大致次序为:第一色带β-胡萝卜素(橙黄色,$R_f \approx 0.75$);第二色带叶黄素(黄色,$R_f \approx 0.7$)[3];第三色带叶绿素a(蓝绿色,$R_f \approx 0.67$);第四色带叶绿素b(黄绿色,$R_f \approx 0.50$)。在原提取液(浓缩)的薄层板上还可以看到另一个未知色素的斑点[4]($R_f \approx 0.20$)。

实验所需时间:5~7 h。

五、注释

[1] 抽滤不宜太厉害,稍抽一下即可。

[2] 水洗时摇振宜轻,避免严重乳化。

[3] 叶黄素易溶于醇而在石油醚中溶解度较小。菠菜嫩叶中叶黄素含量本来不多,经提取洗涤损失后所剩更少,故在柱层析中不易分得黄色带,在薄层层析中样点很淡,可能观察不到。

[4] 胡萝卜素可出现1~3个斑点,叶黄素可出现1~4个斑点,叶绿素有叶绿素a、叶绿素b两个斑点。

六、思考题

(1) 分离不同的组分样品,选择洗脱剂的基本原则是什么?

(2) 实验室中常用的吸附剂有哪些?

(3) 整个实验有什么优点?还有哪些方面可以改进?

5.3.4 从橙皮中提取橙皮油

一、实验目的

(1) 学习从橙皮中提取橙皮油的原理和方法。
(2) 了解并掌握水蒸气蒸馏的原理及基本操作。

二、实验原理

橙皮中含有大量的橙皮油,橙皮油中含有 90% 的柠檬烯,柠檬烯是一种具有橘皮愉快香气的无色液体,是一种天然香精油。橙皮中含有的柠檬烯为右旋柠檬烯,其分子式为 $C_{10}H_{16}$,沸点 178 ℃,相对密度 0.8411。柠檬烯可用于饮料、食品、牙膏、肥皂等制造。现实生活中,橙皮作为垃圾被人们丢弃,而忽视了其珍贵的价值,从橙皮中提取柠檬烯就是一种变废为宝、资源再生的方式,符合当前循环经济的需要。

橙皮中提取柠檬烯的方法很多,如化学法、有机萃取法等,但是都离不开有机溶剂提取,有机溶剂的危害在于:①对操作者危害较大;②在产品中有残留,造成产品危害;③废有机溶剂的循环利用需要好的技术和高的费用;④提取液的排放造成环境污染。从绿色化学的观点出发,设计水蒸气蒸馏法提取柠檬烯,通过在回流冷凝管下加分水器及时把反应过程中的水分离,再经蒸馏收集 178 ℃ 的组分(即柠檬烯)。提取过程中不使用有机溶剂,实现了生产过程的无害化,达到了绿色生产的要求。

三、仪器与试剂

仪器:水蒸气蒸馏装置。

试剂:橙皮,二氯甲烷 20 mL,无水硫酸钠。

四、实验步骤

1) 水蒸气蒸馏提取

将 4~6 个橙皮磨碎,称重后置于 500 mL 圆底烧瓶中,加入 100 mL 热水。安装水蒸气蒸馏装置,进行水蒸气蒸馏。控制馏出速度为每秒 1 滴,收集馏出液 100~150 mL。

2) 粗产品洗涤、干燥及浓缩

将馏出液移至分液漏斗中,用 10 mL 二氯甲烷萃取两次,弃去水层,用无水硫酸钠干燥。滤弃干燥剂,在水浴上蒸出大部分溶剂,将剩余液体移至一支试管中,继续在水浴上小心加热,浓缩至完全除净溶剂为止,揩干试管外壁,称重。以所用鲜橙皮重量为基准,计算橙皮油的回收质量百分率。

实验所需时间:5 h。

五、思考题

(1) 能用水蒸气蒸馏提纯的物质应具备什么条件?
(2) 在水蒸气蒸馏过程中,出现安全管的水柱迅速上升,并从管上口喷出来等现象,这表明蒸馏体系中发生了什么故障?

(3) 在水蒸气发生器与蒸馏瓶之间需连接一个 T 形管,在 T 形管下口再接一根带着 T 型夹的橡皮管。请说明此装置有何用途?

(4) 在停止水蒸气蒸馏时,为什么一定要先打开 T 形夹,然后再停止加热?

5.3.5 裂叶苣荬菜(或槐米)中提取芦丁

一、实验目的

(1) 掌握提取、分离纯化黄酮化合物——芦丁的方法。
(2) 学习利用紫外光谱、红外光谱等手段表征化合物的结构。

二、实验原理

芦丁能降低毛细血管的通透性和脆性,维持其正常抵抗力,用于高血压的辅助治疗,防止脑溢血、视网膜出血、急性出血性肾炎等,治疗慢性气管炎有效率达 84.8%～98%。芦丁的衍生物羟乙基芦丁,即维脑路通。

芦丁,浅黄色针状结晶(水中),熔点 176～178℃,1 g 芦丁能溶于 7 mL 甲醇、8000 mL 冷水、200 mL 沸水。所以很适合用水重结晶。其结构式为:

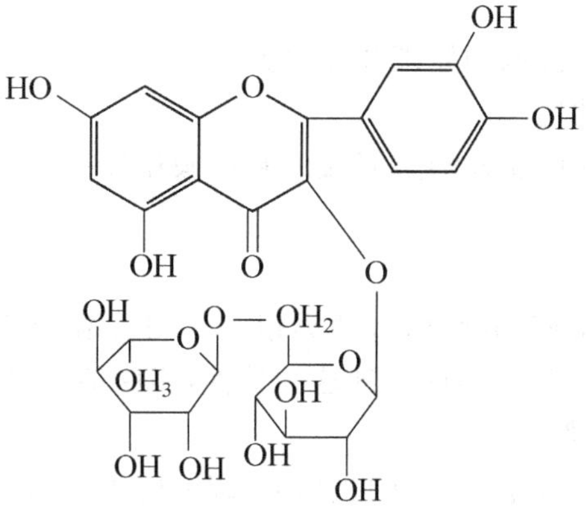

芦丁存在于裂叶苣荬菜、槐米、芸香叶、大枣、番茄、橙皮、杏、荞麦花中,属于黄酮化合物,黄酮类化合物具有一定的酸性,并且其酸性大小与黄酮母核上取代基的种类、数目及其相对位置有关。芦丁的分子中含有很多羟基,酸性较大,水溶性较强。所以设计用碱性水溶液提取、用无机酸酸化游离,然后萃取、用水或乙醇重结晶即可得到纯净的芦丁。

三、仪器与试剂

仪器:圆底烧瓶,球形冷凝管,电加热套,抽滤瓶,红外分光光度计,紫外分光光度计等。

试剂:裂叶苣荬菜或槐米(学生自己采集),生石灰水(要求学生自制),盐酸等。

四、实验步骤

1) 提取

干燥好的裂叶苣荬菜 40 g 加约 6 倍量水,煮沸,在搅拌下缓缓加入石灰乳至 pH 8～9,在此 pH 条件下微沸回流 20～30 min,趁热抽滤,残渣同上再加 4 倍水、石灰乳至 pH 8～9

再微沸回流 20 min，趁热抽滤。

2) 酸化结晶

合并滤液，在 60～70℃下用盐酸调 pH 为 5，搅匀，静置 24 h，抽滤。沉淀物水洗至中性，60℃干燥得芦丁粗品。

3) 重结晶

于水中重结晶，70～80℃干燥得芦丁纯品。

4) 表征

测定紫外光谱、红外光谱，并进行各种图谱的解析。

五、思考题

(1) 你熟悉哪些天然产物？它们含有哪些化学成分？

(2) 选择一种你所熟悉的植物，自查文献并设计某种化学成分的提取、分离、结构鉴定方法。

5.3.6 植物脂肪的提取

一、实验目的

(1) 学习和掌握粗脂肪提取的原理和测定方法。

(2) 掌握索氏提取器的用法。

(3) 熟悉有机溶剂抽提脂肪及溶剂回收的基本操作技能。

二、实验原理

油脂是高级脂肪酸甘油脂的混合物，种类很多。均可溶于乙醚、苯、石油醚等脂溶性溶剂中。本实验利用脂肪能溶于脂溶性溶剂这一特性，用脂溶性溶剂将脂肪提取出来，借蒸发除去溶剂，得到产物——脂肪。

花生中含有大约 50％的脂肪，25％的蛋白质，25％的维生素 B_1、维生素 B_2 及维生素 E 等多种维生素。用此法提取的脂溶性物质除脂肪外，还有游离脂肪酸、磷酸、固醇、芳香油及某些色素等，故称为"粗脂肪"。同时，样品中结合状态的脂类(主要是脂蛋白)不能直接提取出来，所以此法又称为游离脂类定量测定法。

索氏提取器又称脂肪抽取器或脂肪抽出器(见图 5-1)。就是利用溶剂回流及虹吸原理，使固体物质连续不断地被纯溶剂萃取，既节约溶剂，萃取效率又高。索氏提取器是由脂肪烧瓶、抽提筒、冷凝管三部分组成的，抽提筒两侧分别有虹吸管和连接管，各部分连接处要严密不能漏气。提取时，将待测样品包在脱脂滤纸包内，放入抽提筒内。脂肪烧瓶内加入石油醚，加热，石油醚气化，由连接管上升进入冷凝管，凝成液体滴入抽提筒内，浸提样品中的脂类物质。待抽提筒内石油醚液面达到一定高度，溶有粗脂肪的石油醚经虹吸管流入脂肪烧瓶。流入脂肪烧瓶内的

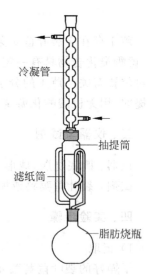

图 5-1 索氏提取器

石油醚继续被加热气化、上升、冷凝,滴入抽提筒内,如此循环往复,直到抽提完全为止。

三、仪器与试剂

仪器：索氏提取器,滤纸,研钵,漏斗,10 mL 量筒,电热调温磁力搅拌器。
试剂：石油醚(沸点为 30~60℃)。取花生仁去皮,研碎,备用。

四、实验步骤

(1) 称取 8 g 花生粉,用药勺装入滤纸斗中,把滤纸斗的开口处折起来封死,防止样品漏出滤纸斗。调整滤纸斗的高度,使其放在抽提筒中时略低于虹吸管的上弯头处。向干燥洁净的烧瓶内加入 60 mL 石油醚和几粒沸石,用水浴加热 1 h(约 12 提)。当最后一次提取器中的石油醚虹吸到烧瓶中时,停止加热。

(2) 冷却后,将提取装置改成蒸馏装置,用水浴蒸馏法小心加热回收石油醚,待烧瓶内仅剩下 1~2 mL 时,停止加热,在水浴上赶尽残留的溶剂。烧瓶中的残留物为粗脂肪,待烧瓶中的油脂冷却后,将其倒入量筒内量取体积,计算油脂的提取率(粗油脂密度为 0.9 g/mL)。

五、计算

样品粗脂的含量(％)＝(粗脂的质量/样品的质量)×100％

六、注意事项

(1) 花生仁碾得越细提取速率越快,但太细的花生粉会从滤纸缝漏出,堵塞虹吸管或随石油醚流入烧瓶中。

(2) 滤纸筒的直径要略小于提取器的内径,其高度要超过虹吸管,但样品的高度不能超过虹吸管。

(3) 回流速度不能过快,否则冷凝管中冷凝的石油醚会被上升的石油醚蒸气顶出而造成事故。

(4) 蒸馏时加热温度不能太高,否则油脂容易焦化。

(5) 实验中使用的石油醚都是易燃试剂,务必注意安全。无论是操作还是回收溶剂,都要注意不得随意洒出。实验室内严禁明火!

5.3.7 黄连素的提取

一、实验目的

(1) 学习从中药中提取中药碱的方法。
(2) 复习回流、常压蒸馏的方法。
(3) 掌握抽滤装置的基本操作方法。

二、实验原理

黄连素俗称小檗碱,是中药黄连的主要成分,抗菌能力很强,临床上应用广泛。黄连素为黄色晶体(针状),易溶于乙醇,乙醇提取液浓缩后,加浓盐酸使生物碱形成盐。盐酸小檗碱在冷水中溶解度减小,利用冰水浴与冰水洗涤法冷却结晶。

三、仪器与试剂

仪器:水浴锅,500 mL 圆底烧瓶,250 mL 圆底烧瓶,锥形瓶,冷凝管,量筒,铁架台,电子天平,干燥箱,真空泵。

试剂:黄连粉,1% 乙酸,95% 乙醇,浓 HCl。

四、实验步骤

(1) 回流法提取黄连素:称取黄连药粉 8 g,置于 250 mL 圆底烧瓶中,加入 100 mL 95% 乙醇,回流提取 30 min,抽滤渣置于 250 mL 圆底烧瓶中,重复回流一次(30 min),抽滤,合并两次滤液。

(2) 蒸馏:将合并滤液蒸馏,回收乙醇(2 h),烧瓶中溶液呈红棕色糖浆状时停止加热,拆卸装置,将回收的乙醇移至专用的回收仪器中。

(3) 分离黄连素:在糖浆状物质中,加入 1% 乙酸溶液 30~40 mL,加热使之溶解,抽滤,移去不溶物,滤液转移至烧杯中,加入浓 HCl 约 10 mL,放置冰浴中至有黄色粉末析出(约 20 mL),抽滤水,冰水洗涤滤饼两次。

(4) 烘干:将滤饼至烘箱烘干(80℃,20 min 即可)。

实验流程图见图 5-2。

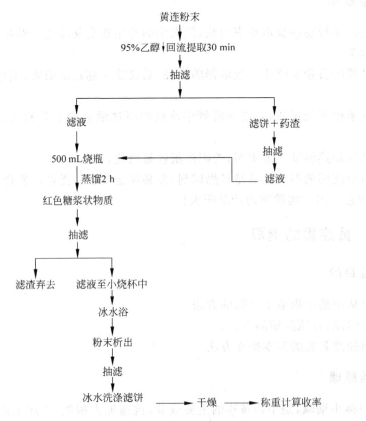

图 5-2 实验流程图

6 创新及应用型实验

6.1 制作手工肥皂的实验设计

一、实验目的

在综合性大学里开设与日常生活相关的应用型实验,对普及化学知识、培养本科生的创新意识和提高实践能力具有重要的作用。个性手工肥皂的制作是兼趣味性与创造性于一体的设计性实验,制作过程富于创造性,实验不仅能提高学生的动手能力,而且能使制作者充分发挥自己的想象力。学生在制作手工皂的过程中添加各种天然的精油、花草、药草、豆类、奶类等,制作出个性化十足的手工肥皂,使学生真正体验到实验带来的乐趣,激发起学生实验动手的热情。

二、实验原理

人类使用肥皂有 3000 多年的历史,制皂工艺发展已经相当成熟。肥皂的制作方法有很多,但是市售肥皂的制作工艺要考虑经济效益,较少使用天然的植物油。进入 21 世纪以来,随着现代科技给人们生活带来越来越多的"副作用",生活中,许多手工、天然的产品逐渐应运而生。人们更加渴望回归自然,以不添加太多人工材料为诉求,用大自然的原始素材作为原料。正是在这种情况下,手工肥皂的制作方法越来越多地受到国内外"DIY"爱好者的关注。

肥皂的主要成分是硬脂酸钠(可简写为 RCOONa),通常是油脂和碱经过皂化反应而生成的,其中含 $C_{12}\sim C_{18}$ 的脂肪酸含量最高。从结构上看,脂肪酸钠的分子中含有非极性的憎水部分(烃基)和极性的亲水部分(羟基)。在洗涤时,烃基靠范德华力与油脂连接,而羟基靠氢键与水结合,这样油滴就被肥皂分子包围起来,分散并悬浮于水中形成乳浊液,再经过摩擦振动被清洗掉。

手工肥皂与合成洗涤剂相比更加环保。硬脂酸钠一旦被稀释,或是遇到酸性物质中和,就有将被包围的污垢全部放掉的特性,在洗后的皮肤上和排出的污水中,都无法再发挥界面活性作用,其流入湖泊和海洋只需要 24 h 就会被细菌分解,对水环境和水生动植物的影响小。

三、仪器与试剂

仪器:旋转蒸发仪,索氏提取器,搅拌加热装置等。

试剂：氢氧化钠，橄榄油，椰子油，其他油脂或精油。

四、实验步骤

1) 手工肥皂原料配比的计算

制作手工肥皂的原料十分简单，主要为油脂、碱、蒸馏水和添加物，其中关键是确定油脂的配比和碱的用量。制作手工肥皂首先要根据自身的需求，确定油脂的配比。

在确定油脂的种类和具体配比之后，根据皂体的总质量计算出各种油脂的具体质量，然后按照油脂的皂化值计算出所需要的碱的质量。在制作手工肥皂的过程中，为了使手工肥皂对皮肤更加温和，通常会适当减少一些碱的用量或者增加一些油量，让手工肥皂里残留一些油脂，这种方法称为超脂。超脂有两种方法，"减碱"和"加油"。减碱是在计算配方时，先扣除5%～10%的碱量，使皂化后仍有少许油脂未与碱作用而留下，以达到使成品不干涩的效果。一般来说，减碱越多成品的pH越低，也越滋润。加油是以正常比例制作，直到皂液呈浓稠状后再加入5%的油脂，由于比例不高且先前的皂化已经完成，加入稍过量油脂的步骤并不能对皂化过程产生其他影响，而后来添加的油脂，因为没有多余的碱可以作用，所以油脂本身的特质和功效也比较容易被保留在肥皂里，达到滋润肌肤的理想功效。

最后确定蒸馏水的用量。由于影响此反应的主要是油脂与碱，所以水的用量不是很严格，一般是碱用量的3～4倍。

2) 皂化操作

为使反应物质均匀混合，并且更好地控制实验温度，实验室中可以选用旋转蒸发仪代替电动搅拌装置。采用冷制法制作手工肥皂过程的温度不能太高，应控制反应温度为50℃。将按比例设定的油脂准确称量后倒入旋转烧瓶，同时将计算得到并配制好的碱液也倒入烧瓶。打开旋转蒸发仪，以一定速度旋转，控制水浴温度为50℃。反应1 h左右，初步皂化完毕(初步皂化完毕的判断标准是：锅里已经没有透明的液体及油状物质，全部不透明化，趋于凝固，成膏状，此时约80%左右的碱和约80%左右的油脂发生了化学反应)，就可以把烧瓶里的膏状皂液取出来了。

此时烧瓶里的膏状皂液是半成品。如果想设计独特的手工肥皂，增加色彩和香味，需要及时添加色素、香料、营养元素等特殊物资。例如：制作不同色彩的手工肥皂，可以分别添加红葡萄酒(红色)、菠菜汁(绿色)、巧克力(咖啡色)、牛奶(乳白色)、胡萝卜色素(黄色)、花瓣(杂色)等；制作不同香味的手工肥皂，可以添加植物精油(花精油)或者其他香味的物质(香水)。由于这类具有特殊香味的物质遇到强碱或受热易分解，因此这些物质最后混入少量油脂再加入到皂液半成品中，待这些物质与皂液混合均匀后尽快停止反应。

3) 固化成型

皂化反应完成后，要将皂液倒入木盒、硅胶模等模具内，放置20天到1个月的时间。这期间剩余的碱性物质和油脂继续反应，或与空气中的二氧化碳反应生成碳酸钠，碱性逐渐降低。手工肥皂的pH降低到8左右时才能正常使用，因为手工肥皂的碱性过强，容易伤害皮肤。

五、思考题

(1) 如何使用旋转蒸发仪进行连续蒸馏？

(2) 设计实验,测定肥皂中的水含量。
(3) 除了文中提到的物质,还有哪些方法可以增添肥皂的色彩?

6.2 芬顿试剂与粉煤灰对有机实验废水的处理

一、实验目的

(1) 了解芬顿试剂的配制方法及原理。
(2) 了解废水处理的有关知识,增强环保意识,培养绿色化学理念。
(3) 通过芬顿试剂与粉煤灰处理有机实验废水最佳条件的探索,掌握废水处理操作技能。

二、实验原理

1) 有机实验废水的组成及危害

在很多有机合成实验中要用到浓酸(如浓硫酸、浓硝酸、浓磷酸)作为催化剂,这些催化剂在反应结束后仍然存在于实验残液中,而且合成的主反应物有些是过量的或反应不完全的有毒物质(如环己醇、苯、苯胺等),另外处理粗产物时还要用到酸、碱类溶液和常用的有机溶剂(如乙醇等),而最后合成得到的物质(如环己烯、溴乙烷、1-溴丁烷、正丁醚等),也有一些是有毒、有腐蚀性的物质。还有在天然有机产物的提取及分离实验中,大量用到如乙醇、石油醚、丙酮、二氯甲烷等有机溶剂。以上这些物质统称为有机实验废水,具有很高的化学需氧量(COD),如果将这些有机废水不经处理就直接倒入下水道或就地掩埋,进入自然水体后会造成自然水体水质的恶化。原因在于,水体自净需要将这些有机物降解,COD 的降解肯定需要耗氧,而水体中的复氧能力不可能满足要求,水中溶氧量(DO)就会直接降为 0,成为厌氧状态,在厌氧状态也要继续分解(微生物的厌氧处理),水体就会发黑、发臭(厌氧微生物看起来很黑,有硫化氢气体生成)。说到底危害就是进入自然水体,破坏水体平衡,造成除微生物外几乎所有生物的死亡,进一步影响周边环境。生活在这种环境下的人群的健康状态自然会每况愈下。一些有毒化合物会长期滞留在人体内,损坏某些特定的组织器官,比如说沉积在肺、肾等重要组织器官,或损害神经系统功能等。这些高浓度有机实验废水进入到城市污水处理系统,还会给污水处理系统带来不小的危害。

2) 有机实验废水处理方法

实验室有机废水处理方法可以借鉴其他有机废水的处理。一般来说有机废水处理技术主要包括生物法和物化法。生物法是指通过微生物的代谢作用,使废水中呈溶液、胶体以及微细悬浮状态的有机污染物,转化为稳定、无害的物质的废水处理方法。对有机物浓度高、毒性强、水质水量不稳定的实验室废水,生物法处理效果不佳。而物化法是指运用物理和化学的综合作用使废水得到净化的方法。它是由物理方法和化学方法组成的废水处理系统,或是包括物理过程和化学过程的单项处理方法,如吸附、萃取、氧化还原、离子交换等。物化法对此类废水的处理表现出明显的优势。芬顿试剂法是一种新兴的有机废水处理方法,芬顿试剂具有很强的氧化能力,处理的有机废水范围广,效果明显,但单独用芬顿试剂进行处理后的废水中 COD_{Cr} 仍然偏高,达不到排放标准。而芬顿试剂与改性后的粉煤灰组成协同体系之后对有机实验废水的处理效果有明显提升。

本着绿色化学的发展方向,按照国家建设资源节约型、环境友好型社会的部署,为了我们共同生活的环境绿色发展,本实验将对有机实验室废水进行处理,探讨其最佳实验条件,使得实验室废水综合处理达到国家排放标准。排放后的有机实验废水可并入城市生活污水处理系统进行处理,减小对环境的污染及破坏。这种就地、及时的原位处理,操作简单,处理费用较低,可以产生较好的社会效益,同时也为粉煤灰的合理应用提供新的思路,遵循了以废治废和降低成本的原则。

3) 芬顿试剂的作用原理

1894 年,化学家 Fenton 首次发现有机物在 H_2O_2 与 Fe^{2+} 组成的混合溶液中能被迅速氧化,并把这种体系称为标准 Fenton 试剂,可以将当时很多已知的有机化合物如羧酸、醇、酯类氧化为无机态,氧化效果十分明显。Fenton 试剂是由 H_2O_2 与 Fe^{2+} 混合得到的一种强氧化剂,它能生成强氧化性的羟基自由基,在水溶液中与难降解有机物生成有机自由基从而破坏其结构,最终氧化分解。

主要反应如下:

$$Fe^{2+} + H_2O_2 = Fe^{3+} + OH^- + HO\cdot$$

$$Fe^{3+} + H_2O_2 + OH^- = Fe^{2+} + H_2O + HO\cdot$$

$$Fe^{3+} + H_2O_2 = Fe^{2+} + H^+ + HO_2\cdot$$

$$HO_2\cdot + H_2O_2 = H_2O + O_2\uparrow + HO\cdot$$

Fenton 试剂处理有机实验废水具有下列特点:

(1) 氧化能力强。

(2) 过氧化氢分解成羟基自由基的速度很快,氧化速率也较高。

(3) 羟基自由基具有很高的电负性或亲电性。

(4) 处理效率较高,处理过程中不引入其他杂质,不会产生二次污染。

(5) 由于是一种化学氧化处理方法,很容易加以控制,比较容易满足处理要求。

(6) 既可以单独使用,也可以与其他工艺联合使用,以降低成本,提高处理效果。如果将生物氧化法作为预处理,其去除有机物的效果将会更好。

(7) 对废水中干扰物质的承受能力较强,操作与设备维护比较容易,使用范围比较广。

(8) $Fe(OH)_3$ 胶体能在低 pH 范围内使用,而在低 pH 范围内有机物大多以分子态存在,比较容易去除,这也提高了有机物的去除效率。

在芬顿试剂中,$OH\cdot$ 是氧化有机物的有效因子,而$[Fe^{2+}]$、$[H_2O_2]$、$[OH^-]$决定了 $OH\cdot$ 的量,因此芬顿试剂的配比是决定反应进行程度的最大影响因素,也是本实验拟解决的关键问题。另外影响该系统的因素还包括溶液 pH、反应温度、H_2O_2 投加量及投加方式等。

4) 粉煤灰概述及作用原理

粉煤灰是从煤燃烧后的烟气中收捕下来的细灰,是燃煤电厂排出的主要固体废物。我国火电厂粉煤灰的主要氧化物组成为:SiO_2、Al_2O_3、FeO、Fe_2O_3、CaO、TiO_2 等。粉煤灰是我国当前排量较大的工业废渣之一,随着电力工业的发展,燃煤电厂的粉煤灰排放量逐年增加。大量的粉煤灰不加处理,就会产生扬尘,污染大气。经回收的粉煤灰可作为砂浆、水泥、混凝土的掺合料。粉煤灰外观类似水泥,颗粒呈多孔型蜂窝状组织,比表面积较大,具有较高的吸附活性,颗粒的粒径范围为 0.5~300 μm。并且珠壁具有多孔结构,孔隙率高达

50%～80%,有很强的吸水性。

粉煤灰对废水中污染物的吸附作用可分为物理吸附、化学吸附和吸附-絮凝沉淀协同三种作用。

(1) 物理吸附作用。物理吸附源于粉煤灰的多孔性及比表面积,比表面积越大、孔隙率越高,吸附效果越好。这是因为粉煤灰与吸附质(污染物分子)间通过分子间引力产生吸附,而这一作用受粉煤灰的多孔性及表面积影响。物理吸附特征在于粉煤灰吸附时,颗粒表面活性降低、放热,因此在低温条件下吸附作用可自发进行,粉煤灰吸附无选择性,它对废水中各种污染物都有一定的吸附去除能力。

(2) 化学吸附作用。化学吸附主要是由于粉煤灰表面所含的 Si—O—Si 键、Al—O—Al 键与具有一定极性的分子产生偶极—偶极键吸附,或是阴离子与粉煤灰中次生的带正电荷的硅酸铝、硅酸钙、硅酸之间形成离子交换或离子对吸附。化学吸附选择性强,不可逆。

(3) 吸附-絮凝沉淀协同作用。粉煤灰除能吸附去除有害物质外,其中的一些成分还与废水中的有害物质作用产生絮凝沉淀,与粉煤灰构成吸附-絮凝沉淀协同作用。例如 CaO 溶于水后产生 Ca^{2+},Ca^{2+} 能够与染料中的磺酸基作用生成磺酸盐沉淀,也能与 F^- 作用生成 CaF_2 沉淀。另外,由于粉煤灰是多种颗粒的机械混合物,孔隙率较大,废水通过粉煤灰时,还能过滤截留部分悬浮物。

粉煤灰处理废水主要利用粉煤灰的吸附作用及絮凝沉淀和过滤作用。在通常情况下,物理吸附和化学吸附作用同时存在,但在不同条件(pH 值、温度等)下体现出的优势不同,导致粉煤灰吸附性能变化。因此对粉煤灰的改性也是本实验拟解决的关键问题之一。利用改性粉煤灰处理有机实验废水以达到"以废治废"的绿色发展目标。

三、仪器与试剂

仪器:电子天平,酸度计,恒温水浴振荡器,马弗炉,电热烘干箱,250 mL 磨口锥形瓶,球形冷凝管,万用电炉,酸式滴定管等。

试剂:30%双氧水,重铬酸钾,硫酸亚铁铵,邻菲罗啉,七水合硫酸亚铁,硫酸银,硫酸汞,浓硫酸,氢氧化钠。

四、实验步骤

1) 有机实验废水 COD_{Cr} 的测定

(1) 称取 20.00 mL 废水水样置于 250 mL 磨口锥形瓶中,准确加入 10.00 mL 重铬酸钾标准溶液及数粒沸石,再加入 3.0 mL 硫酸汞溶液,连接球形冷凝管,从冷凝管上口慢慢加入 30 mL 硫酸-硫酸银溶液,轻轻摇动锥形瓶使溶液混匀,加热,自开始沸腾计时,回流 2 h。

(2) 回流完毕,待稍冷却后,用 90 mL 蒸馏水冲洗冷凝管壁,取下锥形瓶。溶液总体积不少于 140 mL,否则因酸度太大,滴定终点不明显。

(3) 等溶液再度冷却后,加 3 滴试亚铁灵指示剂,用硫酸亚铁铵标准溶液滴定,溶液由黄色经蓝绿色至红褐色为终点,记录硫酸亚铁铵标准溶液的用量。

(4) 测定水样的同时,以 20.00 mL 蒸馏水按同样操作步骤做空白试验,记录空白实验硫酸亚铁铵的用量。

(5) 计算 COD_{Cr}。

化学需氧量 COD 按照国标法中的重铬酸钾法测定（COD_{Cr}）。在强酸性溶液中，用一定量的重铬酸钾在有催化剂硫酸银存在的条件下氧化水样中的还原性物质，过量的重铬酸钾以试亚铁灵做指示剂，用硫酸亚铁铵标准溶液回滴至溶液由蓝绿色变为红棕色即为终点，记录标准溶液消耗量；再以蒸馏水做空白溶液，按同法测定空白溶液消耗硫酸亚铁铵标准溶液量，根据水样实际消耗的硫酸亚铁铵标准溶液量计算化学需氧量。氧化有机物及回滴过量重铬酸钾的反应式和化学需氧量计算式如下：

$$2Cr_2O_7^{2-} + 16H^+ + 3C(代表有机物) \longrightarrow 4Cr^{3+} + 8H_2O + 3CO_2$$

$$Cr_2O_7^{2-} + 14H^+ + 6Fe^{2+} \longrightarrow 6Fe^{3+} + 7H_2O + 2Cr^{3+}$$

$$COD_{Cr}(O_2, mg/L) = \frac{(V_0 - V_1) \times c \times 8 \times 1000}{V}$$

式中，V_0——滴定空白溶液消耗硫酸亚铁铵标准溶液体积，mL；

V_1——滴定水样消耗硫酸亚铁铵标准溶液体积，mL；

V——水样体积，mL；

c——硫酸亚铁铵标准溶液浓度，mol/L；

8——氧（$1/4O_2$）的摩尔质量，g/mol。

2) 芬顿试剂条件优化实验

(1) pH 对芬顿试剂处理效果的影响

分别取 100 mL 废水水样置于 7 个 250 mL 锥形瓶中，编号 1～7，调节 pH 为 1、2、3、4、5、6，剩余一个为空白实验，依次向前 6 个锥形瓶中加入 4 mL 过氧化氢、0.4 g 硫酸亚铁，用恒温水浴振荡器振荡 4 h，空白实验不加芬顿试剂，其他相同。待振荡结束后，再将 pH 调至 10，待废水中残余过氧化氢分解完全后，过滤出 20 mL 水样，分别测定其 COD_{Cr}。

(2) 过氧化氢投加量对 COD_{Cr} 去除率的影响

分别取 100 mL 废水水样置于 7 个 250 mL 锥形瓶中，编号 1～7，调节 pH 为 3，剩余一个为空白实验，依次向前 6 个锥形瓶中加入 1、2、3、4、5、6 mL 过氧化氢、0.4 g 硫酸亚铁，振荡 4 h，空白实验不加芬顿试剂，其他相同。待振荡结束后，再将 pH 调至 10，待废水中残余过氧化氢分解完全后，过滤出 20 mL 水样，分别测定其 COD_{Cr}。

(3) 二价铁离子投加量对 COD_{Cr} 去除率的影响

分别取 100 mL 废水水样置于 7 个 250 mL 锥形瓶中，编号 1～7，调节 pH 为 3，剩余一个为空白实验，依次向前 6 个锥形瓶中加入 4 mL 过氧化氢、0.1、0.2、0.3、0.4、0.5、0.6 g 硫酸亚铁，振荡 4 h，空白实验不加芬顿试剂，其他相同。待振荡结束后，再将 pH 调至 10，待废水中残余过氧化氢分解完全后，过滤出 20 mL 水样，分别测定其 COD_{Cr}。

(4) 振荡时间对 COD_{Cr} 去除率的影响

分别取 100 mL 废水水样置于 7 个 250 mL 锥形瓶中，编号 1～7，调节 pH 为 3，剩余一个为空白实验，依次向前 6 个锥形瓶中加入 4 mL 过氧化氢、0.4 g 硫酸亚铁，振荡 0.5、1、2、3、4、5 h，空白实验不加芬顿试剂，其他相同。待振荡结束后，再将 pH 调至 10，待废水中残余过氧化氢分解完全后，过滤出 20 mL 水样，分别测定其 COD_{Cr}。

3) 粉煤灰的改性实验

粉煤灰的改性方法有很多种，如酸改、碱改。至于采用哪种酸/碱，以及马弗炉烧化时的温度、时间等因素，学生可根据所查阅文献情况，自行设计粉煤灰的改性实验，由指导教师审阅同意后执行操作。取 100 mL 废水置于 250 mL 锥形瓶中，加入改性后的粉煤灰，按自行设计的各条件处理完毕后，过滤，测定其 COD_{Cr}，计算出 COD_{Cr} 去除率。

4) 芬顿-粉煤灰联合处理有机实验废水

由之前的实验数据可以得出芬顿试剂的最佳实验条件以及粉煤灰的最佳改性方法。取 100 mL 废水置于 250 mL 锥形瓶中，先按芬顿试剂的最优化条件处理废水，再按粉煤灰的改性实验的优化条件加入改性后的粉煤灰进行处理，过滤，测定其 COD_{Cr} 值。

5) 数据处理及小论文写作

将上述单因素多水平的各组数据逐个绘制成坐标折线图，并将图中得到的各因素优化条件一一列出，本实验最好以小论文的形式进行写作，可参考文献及毕业论文的书写方式，以提高论文写作能力。

五、实验创新及意义

（1）不同企业、研究机构、高校实验室的有机废水因组成各有差异，处理方法不能照搬套用，只能根据实际废水的成分进行处理。因此本实验的创新之处在于：不是利用模拟废水，而是利用有机实验室收集的真实有机实验废水进行处理，通过单因素多水平或正交实验方法，找出最佳处理条件，将废水中的 COD_{Cr} 降低至国家排放标准。

（2）经深入调查，目前，全国各高校及科研院所涉及有机废水的实验室均对有机废水的处理感到头疼，没有一个既行之有效又经济实用的方法。本实验还可将有需求的有机实验室废水进行统一处理。本实验采取的方法所用的芬顿试剂经济易得，而粉煤灰更是得到了废物再利用，我们的宗旨是绿色、经济、有效，不仅节省了资源，还能有效降低有机废水中的 COD_{Cr}，可谓一举多得。

（3）粉煤灰协同芬顿试剂处理有机实验废水，既发挥芬顿试剂的强氧化能力，又充分发挥了粉煤灰的多孔、比表面积大的特性，大大提高了 COD_{Cr} 的去除率，是一种高效绿色的水处理方式。

6.3 由废聚乳酸餐盒制备乳酸钙

一、实验目的

1) 趣味性与启发性

本实验利用废弃商品化聚乳酸可降解餐盒为原料，通过已学知识和掌握的技能将其变为具有利用价值的乳酸钙。以专业角度关注环境、关注身边的事，不仅有利于激发学生对所学专业的兴趣，也有利于启发学生创新意识的萌生。通过自身努力完成有价值的实验，有利于增强对专业学习的自信心。

2) 综合性与目的性

聚乳酸是一个典型的羧基与羟基缩合形成的高分子，其结构具有典型性。实验涉及酯的水解反应、红外光谱分析、络合滴定法等相关知识和技能，同时，涉及热回流反应装置、基于混合溶剂法的沉淀分析等仪器的使用。因此，从制备到产物分析包含诸多相关知识和实验操作，具有较强的综合性。尽管本实验从原理到实验操作相对简单，但实验中蕴涵的有目的性的控制操作对培养学生注重实验过程非常有价值。

二、实验原理

聚乳酸由于其可降解性以及良好的性能得到广泛应用。如应用于食品包装工程,制作色拉盒、食品杂货袋、冷饮杯等。因为聚乳酸产品耐热、耐油,在温热条件下具有一定的弹性,所以作为一种安全的食品包装材料使用。聚乳酸纤维将成为传统的来源于石化资源的合成纤维的替代品。它在家用纺织品中有着广泛的应用,如用来制造衬衫、牛仔、夹克、枕垫、床垫、地毯等。由于这种纤维在制备过程中使用的石化燃料比传统人造纤维要少68%以上,所以该纤维产品是一种环境友好型产品。使用双面橡胶印刷技术制造的聚乳酸信用卡,将逐步取代目前普遍采用聚氯乙烯制造的信用卡。

本实验中,聚乳酸通过水解形成乳酸,再经氢氧化钙中和可以获得具有药用价值的乳酸钙。基本原理如下:

$$\left[H-O-CH-\overset{O}{\underset{CH_3}{C}}-OH \right]_n \xrightarrow{\text{水解}}$$

$$HO-\underset{CH_3}{CH}-\overset{O}{C}-OH$$

$$CaO + H_2O \Longrightarrow Ca(OH)_2$$

$$Ca(OH)_2 + 2CH_3CH(OH)COOH \Longrightarrow Ca[CH_3CH(OH)COO]_2 + 2H_2O$$

就实验原理而言,似乎实验比较简单。但事实上,实验中蕴涵着许多不经意就容易犯错的操作。希望本实验能够让学生意识到,基于明确指导思想下的实验操作是非常重要的,克服以往"照方抓药"进行实验的不良习惯。

三、前期工作

实验中将涉及以下问题,需提前查阅相关文献资料,做好充分准备。
(1) 如何将餐盒快速制成小碎片,以便反应快速进行。
(2) 如何借助混合产物在溶剂中的溶解度差异分离目标产物。
(3) 如何依据反应溶液组成有效脱除产物中的氯化钠。
(4) 如何选择形成乳酸钙的钙源。
(5) 如何确定钙源的加入方式以有利于产物乳酸钙的分离。
(6) 如何用简单方式测定醇水混合液中的pH。
(7) 如何操作使产物纯度更高。
(8) 如何测定产物组成。
(9) 如何确定产物的纯度。

四、仪器与试剂

仪器：加热回流装置,滴定装置等。

试剂：聚乳酸盒碎片,广泛 pH 试纸,5∶1 盐酸(V/V),定性滤纸,氧化钙,无水乙醇,丙酮,EDTA。

五、实验步骤

1) 餐盒预处理

查阅文献,制定餐盒预处理的实验方案,并与教师讨论后实施。

2) 餐盒碎片的水解

将 5.6 g NaOH、80 mL 无水乙醇加入已装有 5.0 g 聚乳酸碎片的 250 mL 磨口锥形瓶中,加热搅拌回流,观察反应,记录碎片溶解时间。将反应器在冰水浴冷却 3 min,向溶液中加入 5∶1 盐酸。旋摇均匀,在冰水浴中继续冷却,抽滤并收集滤液。在搅拌下浓缩至 20 mL 左右,然后将烧杯置于冰水浴中冷却,向其中加入 20 mL 无水乙醇,继续冷却,抽滤。将滤液转移至烧杯。

3) 由水解液制备乳酸钙

实验基本原理是：氢氧化钙与乳酸反应生成乳酸钙,利用乳酸钙和副产物在所选溶剂中溶解度的显著差异,将乳酸钙沉淀出来。

将称取的 1.6 g 氧化钙粉末加入到上述滤液中,然后再加入 3 mL 水。在恒温磁力搅拌器上搅拌,加热反应并浓缩至溶液体积为 40 mL 时,测试其 pH。调节 pH 为 6~7,继续加热浓缩至约 20 mL,在冰水浴中搅拌冷却。在搅拌条件下,加入 20 mL 无水乙醇,然后再加入 40 mL 丙酮,抽滤。用丙酮洗涤产物,收集沉淀物,置于烘箱中于 125℃烘干 1 h。

4) 乳酸钙含量测定

基本原理：以碳酸钙为基准物,以钙试剂羧酸钠为指示剂,在碱性条件下进行络合滴定,以测定钙含量。请按照查阅的乳酸钙含量测定国家标准方法进行测定。

5) 乳酸钙鉴定

以市售乳酸钙为对照,用有机物官能团分析方法以及热分解行为比对,鉴定所得产物。

六、注意事项

(1) 实验是否成功与操作关系极大！如操作不慎将使分离特别困难,或产物很少,或纯度较低。

(2) 有关挥发乙醇的浓缩实验一定注意通风和防火。

(3) 实验中应回收有机溶剂,不能随意排放。

七、思考题

(1) 在制备乳酸钙实验操作中,提高产品纯度的关键操作有哪几点？

(2) 在用 EDTA 滴定法测定产品中乳酸钙的百分含量时,为什么要向盛有样品的锥形瓶中先加入约 10 mL 的 EDTA 溶液,然后再加入 5 mL 浓度为 100 g/L 的氢氧化钠溶液？

6.4 环保固体酒精生产工艺和燃烧实验

一、实验目的

（1）了解固体酒精的生产原理和方法。
（2）掌握固体酒精的生产工艺和操作技能。

二、实验原理

酒精是一种重要的有机化工原料,可广泛用于化学、食品等工业;也可作为燃料应用于日常生活中。使工业酒精凝固成燃料块,利用硬脂酸钠受热时软化、冷却后又重新凝固的性质,将液体酒精包含在硬脂酸钠网状骨架(骨架间隙中充满了酒精分子)中,但硬脂酸钠的价格昂贵,且市场上不易买到。为此,本工艺采用硬脂酸在一定温度下与氢氧化钠反应,生产硬脂酸钠,大大降低了固体酒精燃料的成本。在配方中加入石蜡等物料作为黏结剂,可以得到质地更加结实的固体酒精燃料,添加硝酸铜是为了燃烧时改变火焰的颜色,美观,有欣赏价值,还可以添加溶于酒精的染料制成各种颜色的固体酒精。由于所用的添加剂为可燃的有机化合物,不仅不影响酒精的燃烧性能,而且使燃烧更为持久,并能够释放出应有的热能,在实际应用中更加安全方便。

本产品用火柴即可点燃,而且可以多次点火和灭火,燃烧升温快,燃烧时无味、无烟、无毒,适用于工厂、家庭、医院、办公室、饮食店的火锅、小餐车、学生野营、部队行军及旅行、燃烧煤炭、临时引火和生活用的方便固体燃料。它用塑料袋密封包装,可长期保存。

通过反复的研究,对固体酒精燃料的生产配方进行改进,优化了工艺条件,以使固体酒精燃料更有利于日常应用,实现资源的最大利用。

三、仪器与试剂

仪器：数显恒温水浴锅,三口烧瓶(1000 mL),250 mL 圆底烧瓶,球形冷凝管等。

试剂：酒精（工业级）,氢氧化钠（工业级）,硬脂酸（工业级）,石蜡（工业级）,硝酸铜（化学纯）等。

四、实验步骤

1）固体酒精的一般制法

向装有回流冷凝管的 250 mL 圆底烧瓶中加入 9.0 g（约 0.035 mol）硬脂酸、50 mL 酒精和数粒沸石,摇匀。在水浴上加热至约 60 ℃,并保温至固体溶解为止。

将 3.0 g（约 0.074 mol）氢氧化钠和 23.5 g 水加入 250 mL 烧杯中,搅拌溶解后再加入 25 mL 酒精,搅匀,将液体从冷凝管上端加进含硬脂酸、石蜡和酒精的圆底烧瓶中,在水浴上加热回流 15 min,使反应完全,移去水浴,待物料稍冷而停止回流时,趁热倒进模具,冷却后密封即得到成品。

2）固体酒精生产方法改进

在装有搅拌器、温度计和回流冷凝管的 1000 mL 三口烧瓶中加入 14.5 g（约 0.051 mol）

硬脂酸、4.0 g 石蜡、300 mL 酒精，在水浴上加热至 70℃，并保温至固体全部溶解。

将 2.5 g（约 0.062 mol）氢氧化钠和 10 g 水倒入 100 mL 烧杯中，搅拌，全部溶解后再加入 200 mL 酒精，搅匀，将液体在 1 min 内从冷凝管上端加进烧瓶中（要始终保持酒精沸腾）。在水浴上加热，搅拌数分钟后加入 0.2 g 硝酸铜，再回流 15 min，使反应完全，移去水浴，趁热倒进模具，冷却后密封即得产品。

改进后的固体酒精燃料明显优越于一般制法中制得的固体酒精燃料，而且更利于日常应用。本工艺改进采用硬脂酸在一定温度下与氢氧化钠反应，产生硬脂酸钠，大大降低了固体酒精燃料的成本。最佳配比工艺为硬脂酸 14.5 g，石蜡 4.0 g，酒精 500 mL，氢氧化钠 2.5 g，水 10 g，回流温度 70℃。采用该工艺生产的固体酒精燃料具有原料易得、工艺简单、质地均匀、易成型包装、易用于工业化生产等特点，特别适合中小企业和家庭生产，具有广阔的市场前景。

3）燃烧试验

把 500 mL 常温水盛入容器（底面直径不超过 200 mm 的金属锅），用 50 g 固体酒精燃料块在专用炉具上燃烧，用秒表测定。

以制得的固体酒精燃料作为燃烧样品，称取 50 g 固体酒精燃料于铁罐中，点燃，上面用一只 1000 mL 的烧杯放冷水在酒精罐上加热，燃烧时间为 15 min，可把 500 g 水烧沸。

五、技术指标或产品性能

生产时无需专用设备及动力电。产品可用塑料袋或塑料盒包装。无需燃具也可使用，燃烧时不熔化，直接由固体升华为气体燃烧，蓝色火焰，不挥发、不浪费、火力大、热值高（100 g 煮开 3 kg 水）、燃时特长（200 g/块，燃 2.5 h，且可调更长，是传统酒精 70 min 的 1 倍以上，比目前最好的 2 h 长 20%），产品无毒无烟无味，燃烧后无残渣，不黑锅底，是家庭、宾馆、饭店及野炊的理想燃料。可用于替代传统固体酒精、液化气（不安全）及燃煤（有污染）。

6.5 路边青总多酚的超声提取及紫外光谱分析

一、实验目的

（1）理解超声辅助提取天然产物中总多酚的实验原理，学会总多酚的紫外光谱分析和大孔树脂分离多酚的实验方法。

（2）掌握超声提取、抽滤、过滤、吸附和解吸等实验操作。

（3）学会标准溶液配制和标准曲线的绘制以及用计算机得到回归方程的方法。

（4）培养学生的实验设计能力、理论知识的运用能力和思维能力，训练学生综合的实验操作技能。

二、实验原理

路边青为蔷薇科多年生草本植物绒毛路边青的干燥全株。具有良好的药用功能，广泛分布于我国南北各地，生长于海拔 200~2300 m 的山坡草地、田边、河边和灌丛中。路边青中含有丰富的多酚和黄酮等天然还原性物质，具有很高的应用价值。

超声提取技术是20世纪发展起来的新技术,具有不破坏被提取物质活性,提取时间短,产率高,条件温和的优点,广泛用于化工、食品、生物、医药等领域,特别是在天然产物活性成分提取中显示出明显的优势。

三、前期工作

实验中将涉及以下问题,需提前查阅相关文献资料,做好充分准备。

(1) 路边青的应用和路边青多酚的提取以及路边青成分分析的研究现状如何?查阅文献资料后撰写路边青应用与提取和成分分析的研究进展。

(2) 超声提取天然产物活性成分的原理是什么?为什么超声提取不影响被提取物质的活性并能提高提取率?什么是空化效应?查阅文献资料后掌握超声提取的研究现状和超声提取在天然产物活性成分提取中的应用以及超声提取原理,撰写实验原理。

四、仪器与试剂

仪器:紫外可见分光光度计,超声清洗器,循环水真空泵,恒温磁力搅拌器,分析天平,微型植物粉碎机,调速多用振荡器,中量制备仪,抽滤瓶,布氏漏斗,容量瓶,移液管等。

试剂:路边青粉末(自制),无水乙醇,石油醚,NaOH,D-101大孔吸附树脂,浓盐酸,磷酸氢二钠,没食子酸,酒石酸钾钠,硫酸亚铁,磷酸二氢钠。均是A.R.级。

五、实验步骤

1) D-101大孔树脂的预处理

查阅文献,制定D-101大孔树脂预处理的实验方案,并与教师讨论后实施。

2) 没食子酸标准曲线的绘制

(1) 没食子酸标准母液的配制

植物总多酚的分析可用没食子酸作为标准进行分析。自行配制10.00 mg/mL的没食子酸标准母液。

(2) 标准曲线的绘制

用10.00 mg/mL没食子酸标准母液配制0.10、0.20、0.30、0.40、0.50、0.60、0.70、0.80、0.90、1.00 mg/mL的标准溶液,并用酒石酸亚铁法分析,用紫外-可见分光光度计测543 nm处的吸光度,绘制标准曲线。将实验结果用计算机进行线性回归,得回归方程和相关系数。学生可以自己选择实验仪器,配制标准溶液,绘制标准曲线,并用计算机进行线性回归得出回归方程和相关系数。

3) 超声提取

称取干燥的路边青粉末于圆底烧瓶中,加入石油醚,回流提取,抽滤并回收石油醚,滤渣用乙醇溶液超声提取,抽滤,滤液定容后作为待测液。超声提取的实验方案由学生自行设计,实验仪器和规格自行选择,并按实验步骤安装实验装置;实验材料和试剂用量以及实验条件由学生查阅文献资料后与教师讨论确定。

4) 路边青中总多酚的分离

取待测液于锥形瓶中,加入经预处理的D-101大孔吸附树脂,置于振荡器上振荡,抽滤,树脂用乙醇洗脱,收集洗脱液于容量瓶中,定容至刻度,测定溶液的吸光度,结合回归方程计算总多酚质量。路边青总多酚分离的实验方法由学生自己设计,实验仪器与规格、实验材料、试剂用量和实验条件由学生查阅相关参考文献后制定,并与指导教师讨论后确定。

六、数据处理

1) 总多酚浓度计算

用酒石酸亚铁法分析,用紫外-可见分光光度计测定待测液在 543 nm 处的吸光度,将吸光度代入回归方程,计算提取液中总多酚浓度和总多酚质量。

2) 多酚提取率计算

$$总多酚提取率 = \frac{提取液中总多酚质量}{路边青粉末质量} \times 100\%$$

七、思考题

(1) 石油醚回流在提取过程中起什么作用?

(2) 路边青总多酚的分离实验操作中,在待测液中加大孔树脂吸附,吸附时间以多长最好? 吸附时间太长或太短对吸附效果有什么影响?

(3) 多酚提取过程中需要用 D-101 大孔树脂进行吸附分离,试分析吸附温度对多酚提取率有何影响? 为什么?

(4) 大孔树脂吸附多酚后,以多大浓度的乙醇进行解吸效果最好? 并与无水乙醇或纯水解吸的实验结果比较。

6.6 乙酸异戊酯的绿色合成条件研究

一、实验目的

(1) 加深对绿色化学概念和意义的理解,掌握绿色化学的基本方法和原理。

(2) 初步学习如何进行对绿色化学反应的实验路线方案的设计和筛选。

(3) 掌握乙酸异戊酯绿色合成的实验方法和技巧。

二、实验原理

有机化学实验的另一个重要问题是反应条件(实验参数)的确定。一个化学反应的实验条件由反应物结构、数量、催化剂、温度等参数决定。反应条件直接影响反应物的转化率和产物的产率。适宜的反应条件,需要通过查阅资料,参照相似的反应,设计实验参数,然后反复实践、比较、筛选才能最后确定下来。

乙酸异戊酯是一种用途广泛的有机化工产品,具有水果香味,略带花香,存在于苹果、香蕉等果实中,主要作为食用香料和溶剂使用。乙酸异戊酯的合成方法很多,但工业上主要以浓硫酸为催化剂,由乙酸和异戊醇直接酯化反应制得。虽然硫酸反应活性较高、价廉,但却存在着腐蚀设备、反应时间长、副反应多、产品纯度低、后处理过程复杂、污染环境等缺点,不符合绿色化学发展的要求。为此,本实验要对乙酸异戊酯的绿色催化合成进行深入的研究,以寻求合适绿色化学的酯化反应催化剂及适宜的工艺条件。

本实验的原理比较简单,主要目的是加深学生对绿色化学的认识,以及独立进行文献查阅、资料整理、合成条件设计、合成实验操作、结果分析等方面技能的锻炼,因此下述内容并没有详细的实验步骤讲解,只是一些要求和提示。一切就看你们的了!

三、前期工作

(1) 学生自己查阅相关资料。

(2) 根据酯化反应的特点及绿色化学的方法和原理,自行设计出乙酸异戊酯绿色合成的几种可对比的实验条件(如对催化剂的选择、催化剂的用量、醇酸比、反应时间、催化剂的回收再利用等因素进行单因素多水平的实验条件考查)。

(3) 根据自己设计的实验条件选择实验仪器、设备,准备实验试剂。

(4) 学生应提出最佳实验条件的选择方法及判定依据。

(5) 初步阐明你的实验条件对绿色化学的贡献。

四、实验部分

(1) 由指导教师审查学生的设计方案,经指导教师同意后,可进行具体实验。

(2) 由学生按照自己设计的实验条件独立完成实验操作。

(3) 鼓励学生对不同的实验条件进行反复探索,掌握其中的规律,通过计算对比各种条件下的产率,并尽可能地解释出原因。

(4) 进行各种实验条件下的反应平衡常数测定。

(5) 实验过程中认真做好实验记录,实验完毕后经指导教师签字确认。

五、报告部分

(1) 以小论文形式完成。

(2) 阐述绿色化学的相关内容及本实验的绿色化学方法。

(3) 对各种实验条件进行分析讨论。

(4) 整理分析实验数据,计算相应实验条件下的产率及酯化反应的近似平衡常数。

(5) 总结出乙酸异戊酯绿色合成的操作方法和条件。

(6) 对乙酸异戊酯的绿色合成方法进行经济性分析。

6.7 微波辐射法合成药物

微波作为一种传输介质和加热能源被广泛应用与各种学科领域,如食品加工、药物合成等。与常规加热方法不同,微波辐射是表面和内部同时进行的一种加热体系,不需热传导和对流,没有温度梯度,体系受热均匀,升温迅速。与经典有机反应相比,微波辐射可缩短反应时间,提高反应选择性和产率,减少溶剂用量,甚至可无溶剂进行,同时还能简化后处理,减少"三废",保护环境,故被称为绿色化学。

羧酸衍生物中乙酰苯胺、阿司匹林、非那西汀、醋氨酚等都是常用的非处方止痛药,其合成过程都有酰基化反应,可考虑使用微波辐射技术。

一、实验原理

参考乙酰水杨酸的微波促进合成方法,选择设计分别以苯胺、4-乙氧基苯胺、4-羟基苯胺为原料,以乙酸酐为酰基化试剂,利用微波辐射技术制备相应的乙酰苯胺、非那西汀和醋氨酚止痛药。

$$X-\text{C}_6\text{H}_4-NH_2 + (CH_3CO)_2O \longrightarrow X-\text{C}_6\text{H}_4-NHOCCH_3$$

(X= —H, —OCH$_2$CH$_3$, —OH)

二、要求

查阅资料,设计方案,实施微波炉的安全使用,制备、分离、提纯并鉴定产物,最后以论文的形式写出实验报告。

三、提示

(1) 掌握微波辐射促进有机合成的基本知识。
(2) 确定实验规模和各种反应物的用量,选择反应所用的溶剂。
(3) 阅读微波炉产品说明书,确定微波炉的功率和加热时间。进行正确操作,注意操作安全。
(4) 根据实验室的条件,选择鉴定产物所用的方法。

6.8 由环己醇制备己二酸二酯

一、实验目的

(1) 通过完成由环己醇经环己烯、己二酸制备己二酸二酯的实验,训练学生综合实验的技能。
(2) 查阅资料,调研工业上、实验室中实现有关反应的具体方法。
(3) 分析各种方法的优缺点,作出自己的选择。
(4) 结合实验室条件,设计并进行有关的实验。
(5) 训练学生进行科技论文写作。

二、实验原理

环己醇 $\xrightarrow{-H_2O}$ 环己烯 $\xrightarrow{[O]}$ 己二酸(COOH, COOH) $\xrightarrow[H^+]{HOR}$ 己二酸二酯(COOR, COOR)

三、预习部分

(1) 配平有关的反应方程式。
(2) 按使用 20 g 环己醇为起始物进行设计。
(3) 查阅有关反应物、产物及使用的其他物质的物理常数。

(4) 分析资料，提出设计方案。
(5) 列出使用的仪器设备，并画出仪器装置图。
(6) 提出各步反应的后处理方案。
(7) 提出产物的分析测试方法和打算使用的仪器。

四、实验部分

(1) 指导教师审查学生的设计方案。
(2) 学生独立完成实验操作，如果失败，必须进行重做。
(3) 鼓励学生按自己的合成思路，对不同的实验条件进行反复探索，总结经验。
(4) 提倡对所做实验的深入研究，不刻意追求完成实验的多寡。
(5) 对所得产物都要进行测试分析；以分析测试手段来表征合成的结果。
(6) 做好实验记录，教师签字确认。

五、报告部分

(1) 以论文形式完成。
(2) 对实验现象进行讨论。
(3) 整理分析实验数据。
(4) 给出结论。

6.9 聚乙烯醇缩甲醛啤酒瓶商标胶的制备和贴标实验

一、实验目的

(1) 掌握改性聚乙烯醇缩甲醛胶黏剂制备的原理及方法。
(2) 掌握回流、搅拌的操作。
(3) 了解啤酒生产线的贴标工艺流程及对商标胶性能的要求。

二、实验原理

我国啤酒生产规模很大且发展迅速，对标签的要求也越来越多。各啤酒生产厂家为了扩大生产量和提高产品档次，逐渐引进国外先进的包装生产线。贴标机速度由原来的几千瓶/h 提高到几万瓶/h，而且纷纷采用铝箔或锡箔纸作封口标。各啤酒生产厂家使用的商标胶多为淀粉胶、聚乙烯醇胶、聚乙烯醇缩甲醛胶等化学胶，近年来还制备了高性能酪蛋白商标胶。由于酪蛋白胶生产中使用了价格昂贵的干酪素(市场售价在 46 000～65 000 元/t)为原料，随着酪蛋白胶市场竞争的日益激烈，该产品的经济效益每况愈下。而淀粉和聚乙烯醇的价格低廉，但单纯的淀粉胶和聚乙烯醇胶只能满足贴标机速在 2.0 万瓶/h 左右的贴标机对纸标的贴标要求，不能满足铝箔或锡箔纸商标的高速贴标要求。因此开发一种既经济又能满足贴标机要求的淀粉改性聚乙烯醇缩甲醛商标胶就显得尤为重要和迫切，从而提高聚乙烯醇缩甲醛商标胶的经济效益和市场竞争力。

采用淀粉等原料对聚乙烯醇缩甲醛胶进行改性，制得的产品具有黏度大、初黏力好、标签涂胶后经瞬间施压不剥落、不翘曲、干燥速度快、耐水性好(冷藏过程中无商标起皱、脱标现象)以及回收清洗商标容易等特点。完全能够满足贴标机速在3.6万瓶/h以下的贴标机对铝箔或锡箔纸商标的高速贴标要求。

第一阶段缩醛反应是聚乙烯醇与甲醛在酸催化作用下反应,得到聚乙烯醇缩甲醛,其反应方程式如下:

$$—CH_2—CH—CH_2—CH— + HCHO \xrightarrow{\text{酸}} —CH_2—CH—CH_2—CH—$$
$$\quad\quad\ \ |\quad\quad\quad\ \ |\quad\quad\quad\quad\quad\quad\quad\quad\quad\quad\quad\ |\quad\quad\quad\ \ |$$
$$\quad\quad OH\quad\quad OH\quad\quad\quad\quad\quad\quad\quad\quad\quad OCH_2OH\quad OH$$

半缩醛

第二阶段为尿素改性反应,在酸性环境中,尿素与未反应的甲醛发生反应生成一羟甲基脲和二羟甲基脲,如下式所示:

分子内缩醛

分子间(或链段间)缩醛

$$\underset{NH_2}{\overset{NH_2}{C}}=O + CH_2O \rightleftharpoons \underset{NHCH_2OH}{\overset{NH_2}{C}}=O \quad \text{一羟甲基脲}$$

$$\underset{NH_2}{\overset{NH_2}{C}}=O + CH_2O \rightleftharpoons \underset{NHCH_2OH}{\overset{NHCH_2OH}{C}}=O \quad \text{二羟甲基脲}$$

由于羟甲基脲分子中存在活泼的羟甲基,它还可以进一步与聚乙烯醇缩甲醛分子中的羟基缩合,生成聚乙烯醇缩脲甲醛。

$$—CH_2—CH—CH_2—CH—CH_2—CH—CH_2—CH—CH_2— + \underset{NHCH_2OH}{\overset{NH_2}{C}}=O$$

$$\rightarrow —CH_2—CH—CH_2—CH—CH_2—CH—CH_2—CH—CH_2— + 2H_2O$$

三、仪器与试剂

仪器：数显恒温水浴锅，电动搅拌器，旋转式黏度计，电热恒温干燥箱，三口圆底烧瓶，球形冷凝管等。

试剂：聚乙烯醇 29.2 g，甲醛溶液 4 g，尿素 3 g，淀粉 5.4 g，浓盐酸（适量），氢氧化钠（适量）等。

四、实验步骤

将一定量的水、聚乙烯醇和淀粉加入到三口烧瓶中，按图 6-1 安装装置。在不断搅拌下升温至 95℃以上，使聚乙烯醇完全溶解。降温至 85℃以下约 15 min，用盐酸调 pH 为 2~3，然后将计量好的甲醛在 20 min 内滴加完毕，保温反应 1.5 h。加入尿素，继续反应 0.5 h。降温至 60℃，滴加氢氧化钠，调节 pH=7 作用，冷却至室温，出料即得聚乙烯醇缩甲醛啤酒瓶商标胶。

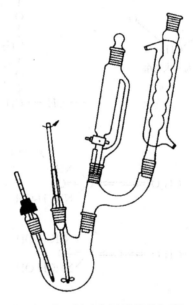

图 6-1 聚乙烯醇缩甲醛的制备装置

五、产品质量检验

（1）固体含量：按 GB 2793—1981 胶黏剂不挥发物含量测定方法测定。

（2）黏度：用旋转黏度计在 (30±1)℃下按 GB 2794—1981 测定方法测定。

（3）pH：用 pH 1~14 广泛试纸测定。

（4）抗冻性：将试样置于恒温冰箱内测定。

（5）储存期：试样密封后置于室内存放一段时间仍保持原样为合格。

（6）耐水性：将商标胶以 30 g/m² 涂布量均匀涂布在标签上，贴在预先洗净的玻璃瓶上并压平，或者直接从啤酒厂家贴标流水线上取下贴好标签的啤酒瓶。将贴有标签的啤酒瓶在室温 20℃以上、相对湿度低于 65% 的环境中放置 3 日后，垂直浸在冰水中，每隔 12 h 旋转玻璃瓶数次,看标签有无翘边或脱落。以三个平行样品中至少有一个翘边或脱落前的时间为耐水时间。

六、商标胶的使用

由于啤酒瓶商标胶的使用厂家不同,设备不同,贴标机速不同,对其黏度的要求也不相同。因此必须根据贴标机速等确定合适的黏度,又因为改性聚乙烯醇缩甲醛商标胶的黏度随温度等条件变化很大,因此在实际使用中可根据情况适当调节设备。

使用过程中若出现掉标或撕标现象,这主要是因为黏度过大或涂胶量过少所致。解决的方法如下:对有加热装置的贴标机可升高使用温度;对没有加热装置的贴标机,若是夏天,温度已经很高,不能调整温度,可将贴标机刮刀间距调大,或提高机速。如仍不能解决问题,则需换用黏度低的产品。若出现甩标现象,是由于黏度低、初黏力小所致,解决方法与上述相反,即调低温度,调小刮刀间距,降低机速或用黏度大的产品。

实验综合练习

7.1 综合练习一

一、选择题

1. 检验制备得到的乙酰苯胺是否纯净，可用_____实验方法加以判断。
   A. 熔点测定　　　B. 沸点测定　　　C. 旋光度测定　　　D. 折射率测定

2. 当有杂质存在时，固体有机物的熔点_____，而且_____。
   A. 升高，熔程变宽　　　　　　　B. 升高，熔程不变
   C. 降低，熔程不变　　　　　　　D. 降低，熔程变宽

3. 常压下对葡萄糖的稀水溶液进行蒸馏时，测出蒸馏烧瓶中溶液的沸腾温度_____。
   A. 高于100℃　　　B. 低于100℃　　　C. 等于100℃　　　D. 三者都不对

4. 溴乙烷制备利用溴化钠与_____反应获得。
   A. 浓盐酸　　　　B. 浓硫酸　　　　C. 浓磷酸　　　　D. 冰醋酸

5. 乙酸乙酯的制备中，反应液蒸馏得到的是含有_____和产物乙酸乙酯的混合物。
   A. 乙酸，硫酸　　　　　　　　　B. 乙醇，硫酸
   C. 乙酸，乙醇　　　　　　　　　D. 乙醚，乙烯和乙酸

6. 如果有两个组分构成共沸物，下列选项中_____不对。
   A. 共沸温度下气相中二组分组成一定
   B. 有确定的沸点
   C. 共沸温度下二组分的气相组成与液相组成相同
   D. 只能用分馏方法分离

7. 用无水盐类干燥液体有机物后，蒸馏之前干燥剂_____。
   A. 应该除去　　　　　　　　　　B. 不必除去
   C. 除与不除都可以　　　　　　　D. 须视其用量决定是否除去

8. 制备乙酸乙酯时，反应温度不应高于_____以减少副产物生成。
   A. 100℃　　　B. 140℃　　　C. 180℃　　　D. 200℃

二、填空题

1. 纯物质在101.3 kPa的外压下达到沸腾的温度称为_____，在低于101.3 kPa的

外压下沸腾温度会_____。

2. 实验室中以恒沸乙醇为原料制备含水量低于2%的无水乙醇时,是借助氧化钙与残存的水作用形成_____后再蒸馏。

3. 难溶于水的有机物使用水蒸气蒸馏时还应具备_____和_____两个条件。

4. 一套减压蒸馏装置中总要设置一个带有旋塞的安全瓶,在需要恢复常压时应先_____再_____。

5. 在布氏漏斗中用溶剂洗涤固体时应先_____再_____。

6. 纸色谱是一种常用的_____色谱,其固定相是_____;它是依靠混合物在_____与_____间的_____不同来实现分离的。

7. 乙酸乙酯制备可以用_____与_____在浓硫酸催化下反应,反应物中_____是过量的。

8. 从茶叶中提取咖啡因是在_____装置中进行,对提取物采用_____方法进行精制。

三、简答题

1. 对甲醇-水溶液(二者不形成共沸物)蒸馏,在加热到65℃(甲醇的正常沸点)时溶液能否有甲醇蒸出?为什么?

2. 一种液体有机物在101.33 kPa下蒸馏时有一恒定的沸腾温度80℃;已知苯的正常沸点是80℃,能不能认定此液体有机物就是苯?为什么?

3. 提纯粗苯胺时,常采用水为溶剂的重结晶法,操作中先后两次采用了何种不同的过滤方法?使用不同的过滤方法分别能达到什么目的?

4. 使用氧化铝作为固定相的柱色谱操作时,选择洗脱剂通常先考虑用极性大的还是极性小的?如何通过调整来选择合适的洗脱剂?

5. 用水蒸气蒸馏法蒸馏1-辛醇(1-辛醇的正常沸点为195℃)与水的混合物时,混合物于99.4℃沸腾,此时水的蒸气压为99.0 kPa,1-辛醇的蒸气压为2.1 kPa,1-辛醇的相对分子质量是130;在馏出液中1-辛醇的质量分数是多少?

6. 用1-丁醇与溴化氢反应制备1-溴丁烷,反应式如下:

$$NaBr + H_2SO_4 \longrightarrow HBr + NaHSO_4$$

$$n\text{-}C_4H_9OH + HBr \longrightarrow n\text{-}C_4H_9Br + H_2O$$

副反应:

$$CH_3CH_2CH_2CH_2OH \xrightarrow{\text{浓}H_2SO_4} CH_3CH_2CH=CH_2 + H_2O$$

$$2CH_3CH_2CH_2CH_2OH \xrightarrow{\text{浓}H_2SO_4} (CH_3CH_2CH_2CH_2)_2O + H_2O$$

$$2HBr + H_2SO_4 \xrightarrow{\triangle} Br_2 + SO_2 + 2H_2O$$

$$\xrightarrow{H_2O} H_2SO_3$$

试剂	沸点/℃	密度(20℃)/(g·mL^{-1})	试剂	沸点/℃	密度(20℃)/(g·mL^{-1})
1-丁醇	118	0.81	98%硫酸		1.84
1-溴丁烷	101.6				

(1) 此反应用溴化钠与浓硫酸反应生成的溴化氢与1-丁醇反应,为什么不用溴化氢的水溶液与1-丁醇反应?

(2) 此反应应先将浓硫酸与少量水混合,再于冷却下依次加入1-丁醇和研细的溴化钠粉末。能否先将溴化钠与浓硫酸混合,再加入1-丁醇和水?为什么?

(3) 反应后得到的粗产物中可能含有哪些杂质?如何用洗涤的方法分离杂质?

(4) 洗涤分离杂质时,用浓硫酸能去除什么杂质?为什么此时要用干燥的分液漏斗?

(5) 用分液漏斗依次用浓硫酸、饱和碳酸钠溶液和水洗涤粗产物时,其中的1-溴丁烷时而在上层,时而在下层,如何用简便方法加以判断?

(6) 对反应得到的含1-溴丁烷粗产物进行蒸馏时,油滴蒸出时的沸腾温度约为81℃,此时1-溴丁烷的蒸气压为52.0 kPa,水的蒸气压为49.3 kPa。若仅将此二者视为馏出液的基本组成,则馏出液中1-溴丁烷的含量是多少?

7.2 综合练习二

一、选择题

1. 液体化合物的蒸气压(p)与其沸点(T)的关系是_____。
   A. $p↓$时$T↑$　　　B. $p↑$时$T↓$　　　C. $p↑$时T不变　　　D. $p↓$时$T↓$

2. 水蒸气蒸馏液体有机物时,沸腾温度_____。
   A. 低于100℃　　　　　　　　　B. 高于100℃
   C. 等于100℃　　　　　　　　　D. 可能低于也可能高于100℃

3. 减压蒸馏使用克氏蒸馏头的目的是_____。
   A. 为便于引入气化中心　　　　　B. 为防止暴沸时蒸馏液体冲出到接收瓶
   C. 为便于观测温度　　　　　　　D. 为降低系统压力

4. 液-固萃取常用的仪器是_____。
   A. 分液漏斗　　　B. 蒸馏装置　　　C. 索氏提取器　　　D. 分馏装置

5. 吸附薄层色谱中,吸附能力强的物质 R_f 值_____。
   A. 大　　　　　　　　　　　　　B. 小
   C. 不定　　　　　　　　　　　　D. 只与展开剂极性有关

6. 用柱色谱分离混合物时,一般使用两种不同洗脱剂的顺序是_____。
   A. 先用极性大的溶剂,再用极性小的溶剂
   B. 先用沸点高的溶剂,再用沸点低的溶剂
   C. 先用沸点低的溶剂,再用沸点高的溶剂
   D. 先用极性小的溶剂,再用极性大的溶剂

7. 升华提纯操作是_____的过程。

A. 固态→液态→气态　　　　　B. 固态→气态→固态
C. 液态→气态→固态　　　　　D. 气态→固态→液态

8. 一般来说,当温度升高时液体有机物的折射率_____。
A. 增大　　　　　　　　　　B. 减小
C. 主要与大气压有关　　　　　D. 不随温度变化

二、填空题

1. 使用氧化铝作为固定相,用极性溶剂作为流动相,一般情况下先被洗脱的是混合物中极性_____的组分。如果用极性小的洗脱剂洗脱了 A 组分,留下了 B 组分,应该再选用极性_____的洗脱剂来洗脱 B 组分。

2. 用硝基苯还原制备的粗苯胺可以用_____蒸馏法提纯,此法利用苯胺在_____中只有很小的溶解度,还要求苯胺在接近_____℃时有一定的蒸气压。

3. 薄层色谱的相对比移值是_____的移动距离与_____的移动距离之比。

4. 由实验得到一纯净有机物晶体的熔融过程为:初熔温度 114.2℃,终熔温度 114.8℃,实验所测熔点应记录为_____。

5. 溴乙烷制备时,用_____与_____反应得到所需要的溴化氢,可能由此产生的副产物有_____和_____。

6. 纯净的乙酸乙酯沸点是 77.06℃,但最后蒸馏时会出现低于此温度的馏出液,这是由于被蒸馏液中可能含有_____或_____。

7. 随温度升高液体的蒸气压会_____,直到蒸气压与_____相同时液体沸腾。

8. 从茶叶中提取咖啡因使用的操作技术是_____,使用的仪器是_____。

三、简答题

1. 对蔗糖的稀水溶液进行蒸馏时,在 101.3 kPa 测出蒸馏烧瓶中溶液的沸腾温度为 105℃,解释为什么会高于水的正常沸点？在蒸馏头上装置的温度计显示的温度应是多少度？为什么？

2. 简述用阿贝折射仪测定液体样品折射率的程序,温度对于测定有影响吗？如何评价？

3. 溴乙烷制备利用了什么反应？哪种反应物是过量的？计算产率时以哪种反应物的量为依据？

4. 用硅胶薄层色谱分离极性不同的混合物,选择极性展开剂时,极性大的组分移动在前还是在后？其比移值较大还是较小？

5. 在用水蒸气蒸馏法蒸馏苯胺-水混合物时,得到 100 g 馏出液。已知在蒸馏温度下水的蒸气压是 95.7 kPa,苯胺的蒸气压是 5.7 kPa;水和苯胺的相对分子质量分别是 18 和 93;则在馏出液中苯胺的质量和质量分数分别是多少？在蒸气中苯胺的相对质量分数是多少？

6. 用环己醇与浓硫酸在加热下反应制备环己烯,反应式如下:

试　　剂	沸点/℃	密度(20℃)/(g·mL^{-1})
环己醇	161	0.962
环己烯	83.0	
环己醇-80%水共沸物	97.8	
环己烯-30.5%环己醇共沸物	64.9	
环己烯-10%水共沸物	70.8	

（1）对这个可逆反应用什么方法提高产率？

（2）综合考虑控制反应温度、提高产率等因素，应该使用什么装置进行这个制备反应？如何控制操作温度？为什么？

（3）对这个制备反应得到的馏出液，应如何采取分离提纯方法得到纯净的环己烯？试画出分离提纯操作的过程框图。

7.3　综合练习三

一、选择题

1. 蒸馏时，蒸馏烧瓶所盛液体的量越多，其饱和蒸气压＿＿＿＿。
   A. 越高　　　　　B. 越低　　　　　C. 不定　　　　　D. 不变
2. 减压蒸馏完毕后，首先要做的是＿＿＿＿。
   A. 打开安全瓶旋塞　　B. 撤除热源　　C. 关闭真空泵　　D. 拔掉橡皮管
3. 回流操作时，冷凝管的上口应该＿＿＿＿。
   A. 塞上玻璃塞子　　　　　　　　B. 插上温度计
   C. 加上蒸馏头再插上温度计　　　D. 与大气相通
4. 以下柱色谱固定相中，吸附性最强的是＿＿＿＿。
   A. 淀粉　　　　　B. 滑石粉　　　　C. 活性氧化铝　　D. 蔗糖
5. 纸色谱为＿＿＿＿色谱，其固定相是＿＿＿＿。
   A. 吸附色谱，滤纸　　　　　　　B. 分配色谱，吸附在滤纸上的水
   C. 分配色谱，滤纸　　　　　　　D. 吸附色谱，吸附在滤纸上的水
6. 如果有两个组分构成共沸物，下列选项中＿＿＿＿不对。
   A. 共沸温度下气相中二组分组成一定
   B. 有确定的沸点
   C. 共沸温度下二组分的气相组成与液相组成相同
   D. 只能用分馏方法分离
7. 用测定＿＿＿＿的方法，无法得知乙醇的纯度。
   A. 折射率　　　　B. 沸点　　　　　C. 密度　　　　　D. 旋光度
8. 有两个未知固体有机物，它们的外观和熔点都一样，若它们的＿＿＿＿一样，则为同一物质。

A. 晶形　　　　　　　　　　　　B. 混合物熔点与纯物质熔点
C. 水中溶解度　　　　　　　　　D. 熔程

二、填空题

1. 在相同温度下，含有不挥发溶质的溶液的蒸气压比纯溶剂的蒸气压＿＿＿＿＿；两种挥发性物质组成的溶液，其中每种物质的蒸气压都比该物质单独存在时的蒸气压＿＿＿＿＿。

2. 不与水反应的有机物使用水蒸气蒸馏时还应具备＿＿＿＿＿和＿＿＿＿＿两个条件。

3. 重结晶操作中用有机溶剂溶解固体有机物时，应该使用＿＿＿＿＿装置；液-固萃取时为节省溶剂和提高操作效率，常使用＿＿＿＿＿装置。

4. 使用分液漏斗时，下层液体从＿＿＿＿＿放出，上层液体从＿＿＿＿＿放出。

5. 常用液-固吸附色谱包括＿＿＿＿＿色谱和＿＿＿＿＿色谱，前者中流动相靠＿＿＿＿＿作用自上而下流过固定相，后者中流动相靠＿＿＿＿＿作用自下而上流过固定相。

6. 旋光度是具有＿＿＿＿＿性的物质对＿＿＿＿＿光的旋转特征；比旋光度是这种物质在＿＿＿＿＿条件下的旋光度。

三、简答题

1. 重结晶操作中，加热溶解试样时如何确定溶剂使用量？如何操作？为什么？

2. 乙酰乙酸乙酯的正常沸点与其分解温度接近，用什么方法可以合理地蒸馏提纯它？为什么？

3. 间硝基苯甲酸在 100 ℃、79 ℃ 及 25 ℃ 的水中的溶解度分别是 11 g、4.8 g 及 0.4 g，计算在下列两种情况下对含 5 g 间硝基苯甲酸试样用水重结晶时所需溶剂的量和回收率。
   (1) 在 100 ℃ 下热过滤，冷却到 25 ℃ 抽滤；
   (2) 在 79 ℃ 下热过滤，冷却到 25 ℃ 抽滤。

4. 水和苯形成低共沸混合物，其共沸温度 69.4 ℃，共沸组成是 8.9% 的水和 91.1% 的苯。在分馏装置中蒸馏含有水的苯，蒸馏温度接近 70 ℃（柱顶）时馏出一部分液体，它是什么？之后蒸馏温度会升高达到 80 ℃，馏出液又是什么？会不会再有 100 ℃ 左右的馏出液？

5. 萃取操作中，达到平衡时溶质 A 在水中的浓度是 1 mol/L，在苯中的浓度是 3.5 mol/L，此时在这两相间溶质 A 的分配系数是多少（忽略水与苯的互溶）？

7.4　综合练习四

一、选择题

1. 对甲醇-水溶液（二者不形成共沸物）蒸馏，在加热到＿＿＿＿＿时沸腾。
   A. 65 ℃（甲醇的正常沸点）　　　　B. 100 ℃（水的正常沸点）
   C. 高于 65 ℃，低于 100 ℃　　　　D. 高于 100 ℃

2. 以恒沸乙醇为原料制备含水量低于 2% 的无水乙醇时，是借助＿＿＿＿＿与水作用后一起蒸馏。
   A. 金属钠　　　　B. 金属镁　　　　C. 氧化钙　　　　D. 无水氯化钙

3. 从水蒸气蒸馏得到的馏出液未能很好地分层,却形成了乳浊液;可以通过_____得到无水的有机物。

  A. 蒸馏   B. 过滤   C. 盐析   D. 柱色谱

4. 刺形分馏柱中玻璃内凸在分馏操作中所起的作用是_____。

  A. 促进冷凝   B. 促进气化

  C. 扩大气液接触面积   D. 阻挡低沸点杂质

5. 受热易分解的液体有机物常用_____法分离。

  A. 分馏   B. 蒸馏   C. 减压蒸馏   D. 回流

6. 液-液萃取常用的仪器是_____。

  A. 分液漏斗   B. 滴液漏斗   C. 烧杯   D. 三角烧瓶

7. 重结晶操作中用有机溶剂溶解固体有机物时,应该用_____。

  A. 烧杯   B. 蒸馏装置   C. 锥形瓶   D. 回流装置

二、填空题

1. 蒸馏操作中用_____能防止液体爆沸,蒸馏开始后若发现未采取此措施,应立即_____,待_____后方能补加。

2. 接近100℃时,一有机物的蒸气压只有水的蒸气压的15%左右,其相对分子质量是360,使用水蒸气蒸馏得到的馏出液中该有机物的质量分数是_____。

3. 减压蒸馏装置中使用_____或_____来防止溶液从烧瓶中冲出。

4. 重结晶操作时,使用热过滤操作是为了去除_____杂质,使用减压过滤操作是为了去除_____杂质。

5. 常用萃取操作有液-液萃取,这是在_____中进行萃取操作;还有液-固萃取,可以在_____装置中进行,或在_____中进行。

6. 通常柱色谱操作包括_____、_____、_____和_____4个步骤。

7. 最常用的熔点测定方法是_____法,它具有_____、_____和_____等优点。

8. 溴乙烷制备时,采取一边反应、一边_____的方法提高反应收率,在接收瓶中加入一些水,可以防止_____。

三、简答题

1. 试剂瓶 A 中盛有反式肉桂酸,测定熔点为 135～136℃;试剂瓶 B 中白色晶体的测定熔点也是约 135℃,这可能是尿素或是反式肉桂酸,如何确定试剂瓶 B 中的白色晶体是二者中的哪一种?

2. 用 500 mL 恒沸乙醇制备含水量低于 1% 的无水乙醇,理论上需多少氧化钙?实际上使用的氧化钙远多于理论值,为什么?

3. 在有机化学实验中经常用到回流操作,这种操作的优点是什么?为什么在回流装置中使用球形冷凝管而不是直形冷凝管?在球形冷凝管上冷凝水怎样进出?

4. 在柱色谱操作中,为什么要使固定相始终浸没在溶剂中?

5. 在氧化铝柱中,为什么极性大的有机物要用极性大的洗脱剂洗脱?

7.5 综合练习五

一、选择题

1. 甲酸与水形成共沸物。手册中甲酸的正常沸点是 100.8℃，用蒸馏法测出含水甲酸的恒定沸腾温度应该_____100.8℃。
   A. 高于或低于
   B. 一定低于
   C. 一定高于
   D. 不能确定，与甲酸浓度有关

2. 用 500 mL 恒沸乙醇（含水 4.5%，密度 0.989 g/mL）与氧化钙反应制备含水量低于 1% 的无水乙醇，理论上需_____氧化钙。
   A. 27 g（计算量）
   B. 少于 27 g
   C. 多于 27 g
   D. 不确定，与温度有关

3. 在有机化学实验中经常用到回流操作，这种操作的优点是_____。
   A. 能控制蒸馏出一定沸点的液体
   B. 能分离沸点相近的液体混合物
   C. 不会蒸出任何组分
   D. 能降低反应温度

4. 加热溶解要重结晶的混合物时，应该先加入比根据溶解度数据计算的用量_____的溶剂，然后再进行适当处理，否则容易造成损失。
   A. 略少
   B. 略多
   C. 相等
   D. 不确定

5. 在柱色谱操作中，展开剂液面比固定相_____。
   A. 高 3～5 cm
   B. 略高
   C. 略低
   D. 不必控制

6. 对由乙酸与乙醇在浓硫酸存在下反应制备乙酸乙酯这个可逆反应采用_____提高产率。
   A. 提高反应温度
   B. 蒸出反应产物
   C. 增加浓硫酸用量
   D. 增加乙醇用量

7. 用 1-丁醇与溴化氢反应制备 1-溴丁烷，反应物中的溴化氢_____得到。
   A. 直接用浓氢溴酸溶液
   B. 由加热氢溴酸溶液
   C. 用浓硫酸与浓氢溴酸溶液作用
   D. 用浓硫酸与溴化钠作用

8. 乙酰乙酸乙酯是用乙酸乙酯在_____存在下反应制得的。
   A. 粒状氢氧化钠
   B. 氢氧化钠的乙醇溶液
   C. 金属钠或乙醇钠的乙醇溶液
   D. 氢氧化钠的水溶液

二、填空题

1. 分馏是将_____过程在一套装置中完成，分馏操作时控制加热程度能将_____组分先行蒸出。

2. 水蒸气蒸馏操作时，当馏出液_____即可停止蒸馏；停止时首先_____，再_____。

3. 由于是在_____进行蒸馏，减压蒸馏能在_____温度下实现蒸馏操作。这可以使对_____敏感的物质不因蒸馏温度过高而分解或聚合。

4. 热过滤时使用凹凸槽滤纸可以使_____增大,加快_____。

5. 使用_____进行液-固萃取的优点是可以实现少量溶剂多次萃取,而且每次萃取都是使用_____溶剂。

6. 熔点测定时应在提勒管的_____加热,温度计与毛细管在提勒管_____。

7. 不纯的有机物熔融过程的特征为_____和_____。

8. 乙酰苯胺制备中,对粗产物用_____方法进行分离提纯,此操作常用_____作为溶剂,先后采用_____和_____进行过滤。

三、简答题

1. 乙醇与水形成的共沸物中含水 4.5%,实验室里常用什么操作使氧化钙与其中的水充分反应? 而后蒸馏得到含水低于 1% 的乙醇,要不要过滤去除固体物后再蒸馏? 为什么?

2. 重结晶操作中,为什么活性炭要在固体物质完全溶解后再加入? 又为什么不能在溶液沸腾时加入?

3. 减压过滤时,为什么要先断开抽滤瓶和真空泵间的连接(放开安全瓶旋塞或拔下连接橡皮管),再关闭真空泵?

4. 达到平衡时溶质 A 在水中的浓度是 1 mol/L,在苯中的浓度是 3.5 mol/L,此时在这两相间溶质 A 的分配系数是多少(忽略水与苯的互溶)?

5. 用水蒸气蒸馏法对反应得到的含 1-溴丁烷粗产物提纯,沸腾温度约在 81 ℃,此时 1-溴丁烷的蒸气压为 52.0 kPa,水的蒸气压为 49.3 kPa,馏出液中 1-溴丁烷的含量是多少?

常用试剂的配制

1. 2,4-二硝基苯肼溶液

（Ⅰ）在 15 mL 浓硫酸中，溶解 3 g 2,4-二硝基苯肼。另在 70 mL 95% 乙醇里加 20 mL 水，然后把硫酸苯肼倒入稀乙醇溶液中，搅动混合均匀即成橙红色溶液（若有沉淀应过滤）。

（Ⅱ）将 1.2 g 2,4-二硝基苯肼溶于 50 mL 30% 高氯酸中，配好后储于棕色瓶中，不易变质。

（Ⅰ）法配制的试剂，2,4-二硝基苯肼浓度较大，反应时沉淀多，便于观察。（Ⅱ）法配制的试剂由于高氯酸盐在水中溶解度很大，因此便于检验水中醛且较稳定，长期储存不易变质。

2. 卢卡斯（Lucas）试剂

将 34 g 无水氯化锌在蒸发皿中强热熔融，稍冷后放在干燥器中冷至室温。取出捣碎，溶于 23 mL 浓盐酸中（相对密度 1.187）。配制时须加以搅动，并把容器放在冰水浴中冷却，以防氯化氢逸出。此试剂一般是临用时配制。

3. 土伦（Tollens）试剂

（Ⅰ）取 0.5 mL 10% 硝酸银溶液于试管里，滴加氨水，开始出现黑色沉淀，再继续滴加氨水，边滴边摇动试管，滴到沉淀刚好溶解为止，得澄清的硝酸银氨水溶液，即土伦试剂。

（Ⅱ）取一支干净试管，加入 1 mL 5% 硝酸银，滴加 5% 氢氧化钠 2 滴，产生沉淀，然后滴加 5% 氨水，边摇边滴加，直到沉淀消失为止，此为土伦试剂。

无论（Ⅰ）法或（Ⅱ）法，氨的量不宜多，否则会影响试剂的灵敏度。（Ⅰ）法配制的土伦试剂较（Ⅱ）法的碱性弱，在进行糖类实验时，用（Ⅰ）法配制的试剂较好。

4. 谢里瓦诺夫（Seliwanoff）试剂

将 0.05 g 间苯二酚溶于 50 mL 浓盐酸中，再用蒸馏水稀释至 100 mL。

5. 席夫（Schiff）试剂

在 100 mL 热水中溶解 0.2 g 品红盐酸盐，放置冷却后，加入 2 g 亚硫酸氢钠和 2 mL 浓盐酸，再用蒸馏水稀释至 200 mL。

或先配制 10 mL 二氧化硫的饱和水溶液，冷却后加入 0.2 g 品红盐酸盐，溶解后放置数小时使溶液变成无色或淡黄色，用蒸馏水稀释至 200 mL。

此外，也可将 0.5 g 品红盐酸盐溶于 100 mL 热水中，冷却后用二氧化硫气体饱和至粉红色消失,加入 0.5 g 活性炭,振荡过滤,再用蒸馏水稀释至 500 mL。

本试剂所用的品红是假洋红(para-rosaniline 或 para-fuchsin),此物与洋红(rosaniline 或 fuchsin)不同。席夫试剂应密封储存在暗冷处,倘若受热或见光,或露置空气中过久,试剂中的二氧化硫易失去,结果又显桃红色。遇此情况,应再通入二氧化硫,使颜色消失后再使用。但应指出,试剂中过量的二氧化硫越少,反应就越灵敏。

6. 0.1%茚三酮溶液

将 0.1 g 茚三酮溶于 124.9 mL 95%乙醇中,用时新配。

7. 饱和亚硫酸氢钠

先配制 40%亚硫酸氢钠水溶液,然后在每 100 mL 的 40%亚硫酸氢钠水溶液中,加不含醛的无水乙醇 25 mL,溶液呈透明清亮状。

由于亚硫酸氢钠久置后易失去二氧化硫而变质,所以上述溶液也可按下法配制:将研细的碳酸钠晶体($Na_2CO_3 \cdot 10H_2O$)与水混合,水的用量使粉末上只覆盖一薄层水为宜,然后在混合物中通入二氧化硫气体,至碳酸钠近乎完全溶解,或将二氧化硫通入 1 份碳酸钠与 3 份水的混合物中,至碳酸钠全部溶解为止,配制好后密封放置,但不可放置太久,最好是用时新配。

8. 饱和溴水

溶解 15 g 溴化钾于 100 mL 水中,加入 10 g 溴,振荡即成。

9. 莫力许(Molish)试剂

将 α-萘酚 2 g 溶于 20 mL 95%乙醇中,用 95%乙醇稀释至 100 mL,储于棕色瓶中,一般用前配制。

10. 盐酸苯肼-醋酸钠溶液

将 5 g 盐酸苯肼溶于 100 mL 水中,必要时可加微热助溶,如果溶液呈深色,加活性炭共热,过滤后加 9 g 醋酸钠晶体或用相同量的无水醋酸钠,搅拌使之溶解,储于棕色瓶中。

11. 本氏(Benedict)试剂

把 4.3 g 研细的硫酸铜溶于 25 mL 热水中,待冷却后用水稀释至 40 mL。另把 43 g 柠檬酸钠及 25 g 无水碳酸钠(若用有结晶水的碳酸钠,则取量应按比例计算)溶于 150 mL 水中,加热溶解,待溶液冷却后,再加入上面所配的硫酸铜溶液,加水稀释至 250 mL,将试剂储于试剂瓶中,瓶口用橡皮塞塞紧。

12. 淀粉碘化钾试纸

取 3 g 可溶性淀粉,加入 25 mL 水,搅匀,倾入 225 mL 沸水中,再加 1 g 碘化钾及 1 g 结晶硫酸钠,用水稀释到 500 mL,将滤纸片(条)浸渍,取出晾干,密封备用。

13. 蛋白质溶液

取新鲜鸡蛋清 50 mL，加蒸馏水至 100 mL，搅拌溶解。如果浑浊，加入 5％氢氧化钠至刚清亮为止。

14. 10％淀粉溶液

将 1 g 可溶性淀粉溶于 5 mL 冷蒸馏水中，用力搅成稀浆状，然后倒入 94 mL 沸水中，即得近于透明的胶体溶液，放冷使用。

15. β-萘酚碱溶液

取 4 g β-萘酚，溶于 40 mL 5％氢氧化钠溶液中。

16. 费林（Fehling）试剂

费林试剂由费林 A 试剂和费林 B 试剂组成，使用时将两者等体积混合，其配法如下。

费林 A：将 3.5 g 含有 5 个结晶水的硫酸铜溶于 100 mL 水中，即得淡蓝色的费林 A 试剂。

费林 B：将 17 g 含有 5 个结晶水的酒石酸钾钠溶于 20 mL 热水中，然后加入含有 5 g 氢氧化钠的水溶液 20 mL，稀释至 100 mL，即得无色清亮的费林 B 试剂。

17. 碘溶液

（Ⅰ）将 20 g 碘化钾溶于 100 mL 蒸馏水中，然后加入 10 g 研细的碘粉，搅动使其全溶，呈深红色溶液。

（Ⅱ）将 1 g 碘化钾溶于 100 mL 蒸馏水中，然后加入 0.5 g 碘，加热溶解即得红色清亮溶液。

常用酸和碱的配制

溶 液	相对密度	质量分数/%	物质的量浓度/(mol/L)	质量浓度/(g/100 mL)
浓盐酸	1.19	37	12.0	44.0
10%盐酸(100 mL 浓盐酸＋321 mL 水)	1.05	10	2.9	10.5
5%盐酸(50 mL 浓盐酸＋380.5 mL 水)	1.03	5	1.4	5.2
1 mol/L 盐酸(41.5 mL 浓盐酸稀释到 500 mL)	1.02	3.6	1	3.6
10%硫酸(25 mL 浓硫酸＋398 mL 水)	1.07	10	1.1	10.7
0.5 mol/L 硫酸(13.9 mL 浓硫酸稀释到 500 mL)	1.03	4.7	0.5	4.9
浓硝酸	1.42	71	16	101
10%氢氧化钠	1.11	10	2.8	11.1
浓氨水	0.9	28.4	5	25.6

乙醇溶液的密度和百分组成

乙醇含量 （质量比）	相对密度 (d_4^{20})	乙醇含量 （容量比,20℃）	乙醇含量 （质量比）	相对密度 (d_4^{20})	乙醇含量 （容量比,20℃）
5	0.989 38	6.2	75	0.855 64	81.3
10	0.981 87	12.4	80	0.843 44	85.5
15	0.975 14	18.5	85	0.830 95	89.5
20	0.968 64	24.5	90	0.817 97	93.3
25	0.961 68	30.4	91	0.815 29	94.0
30	0.953 82	36.2	92	0.812 57	94.7
35	0.944 94	41.8	93	0.809 83	95.4
40	0.935 18	47.3	94	0.807 05	96.1
45	0.924 72	52.7	95	0.804 24	96.8
50	0.913 84	57.8	96	0.801 38	97.5
55	0.902 58	62.8	97	0.798 46	98.1
60	0.891 13	67.7	98	0.795 47	98.8
65	0.879 48	72.4	99	0.792 43	99.4
70	0.867 66	76.9	100	0.789 34	100.0

常用洗涤液的配制

1. 铬酸洗液

配制方法：将研细的重铬酸钾 20 g 放入 500 mL 烧杯中，加水 40 mL，加热溶解，待溶解后冷却，再慢慢加入 350 mL 浓硫酸，边加边搅拌，即成铬酸洗液。

注意事项：①防止腐蚀皮肤和衣服；②防止吸水；③洗液呈绿色时，表示失效；④废液用硫酸亚铁处理后再排放。

用途：洗涤一般污渍。

2. 碱性乙醇溶液

配制方法：将 60 g 氢氧化钠溶于 60 mL 水中，再加入 500 mL 95% 的乙醇。

注意事项：①防止挥发和防火；②久放失效。

用途：除去油脂、焦油和树脂等污物。

常用碳酸钠溶液相对密度和组成

Na$_2$CO$_3$ 质量分数/%	密度/(g/cm³)	Na$_2$CO$_3$ 质量浓度(g/100 mL)（水溶液）	Na$_2$CO$_3$ 质量分数/%	密度/(g/cm³)	Na$_2$CO$_3$ 质量浓度(g/100 mL)（水溶液）
1	1.0086	1.009	12	1.1244	13.49
2	1.0190	2.038	14	1.1463	16.05
4	1.0398	4.159	16	1.1682	18.5
6	1.0606	6.364	18	1.1905	21.33
8	1.0816	8.653	20	1.2132	24.26
10	1.1029	11.03			

附录 F

关于毒性危险性化学药品的知识

1. 胺类

低级的脂肪族胺的蒸气有毒。芳胺以及它们的烷氧基、卤素、硝基取代物都有毒。

名称	TLV	名称	TLV
对苯二胺	0.1 mg/m³	苯胺	5 ppm
甲氧苯胺	0.5 mg/m³	邻甲苯胺	10 ppm
对硝基苯胺	1 ppm	二甲胺	10 ppm
N-甲基苯胺	2 ppm	乙胺	10 ppm
N,N-二甲基苯胺	5 ppm	三乙胺	25 ppm

注：TLV——极限安全值，即空气中含该有毒物质蒸气或粉尘的浓度，在此限度以内，一般人重复接触不致受害。
① 1 ppm = 1×10^{-6}。

2. 酚类和芳香族硝基化合物

名称	TLV	名称	TLV
苦味酸	0.1 mg/m³	硝基苯	1 ppm
二硝基苯酚	0.2 mg/m³	苯酚	5 ppm
二硝基甲苯酚	0.2 mg/m³	甲苯酚	5 ppm
对硝基氯苯	1 mg/m³		

3. 其他危险性有机化合物

名称	TLV/ppm	名称	TLV/ppm
异氰酸甲酯	0.02	四氯乙烷	5
丙烯醛	0.1	碘甲烷	5
重氮甲烷	0.2	四氯化碳	10
溴仿	0.5	苯	10
草酸和草酸盐	1	溴甲烷	15
3-氯-1-丙烯	1	1,2-二溴乙烷	20
2-氯乙醇	1	1,2-二氯乙烷	50
硫酸二甲酯	1	氯仿	50
硫酸二乙酯	1	溴乙烷	200
四溴乙烷	1	甲醇	200
丙烯醇	2	乙醚	400
2-丁烯醛	2	二氯甲烷	500
乙醇	1000	丙酮	1000

4. 致癌物质

黄曲霉素 B_1、亚硝酸盐、苯、钛及其化合物、镉及其化合物、六价铬化合物、镍及其化合物、环氧乙烷,砷及其化合物、4-氨基联苯、联苯胺、N-亚硝基化合物、煤焦油沥青、石棉、碘甲烷、硫酸二甲酯、重氮甲烷、对甲基苯磺酸甲酯、氯甲醚。

5. 具有长期积累效应的毒物

这些物质进入人体不易排出,在人体内积累,引起慢性中毒。这些物质主要有:

(1) 苯。

(2) 铅化合物,特别是有机铅化合物。

(3) 汞和汞化合物,特别是二价汞盐和液态的有机汞化合物。

在使用以上各类有毒化学药品时,都应采取妥善的防护措施。避免吸入其蒸气和粉尘,不要使它们接触皮肤。有毒气体和挥发性的有毒液体必须在效率良好的通风橱中操作。

参 考 文 献

[1] 高占先. 有机化学[M]. 北京：高等教育出版社,2007.
[2] 高鸿宾. 有机化学[M]. 北京：高等教育出版社,2007.
[3] 周科衍,吕俊民. 有机化学实验[M]. 2版. 北京：高等教育出版社,1984.
[4] 高占先. 有机化学实验[M]. 4版. 北京：高等教育出版社,2004.
[5] 袁履冰. 有机化学[M]. 北京：高等教育出版社,2000.
[6] 杨高文. 基础化学实验有机化学部分[M]. 南京：南京大学出版社,2010.
[7] 霍冀川. 化学综合设计实验[M]. 北京：化学工业出版社,2007.
[8] 化学化工学科组. 化学化工创新性实验[M]. 南京：南京大学出版社,2010.
[9] [美]DOXSEE K M. 绿色有机化学——理念和实验[M]. 任玉杰,译. 上海：华东理工大学出版社,2005.